AutoCAD

2022 中文全彩铂金版
案例教程

刘静 程艳 肖潇 宋洋 主编

U0244489

中国青年出版社

图书在版编目（CIP）数据

AutoCAD 2022中文全彩铂金版案例教程 / 刘静等主编.—北京: 中国青年出版社, 2022.10
ISBN 978-7-5153-6728-6

I.①A⋯ II.①刘⋯ III.①AutoCAD软件—教材 IV.①TP391.72

中国版本图书馆CIP数据核字（2022）第131468号

策划编辑: 张鹏
执行编辑: 张沣
责任编辑: 徐安维
封面设计: 乌兰

AutoCAD 2022中文全彩铂金版案例教程

主　编: 刘静 程艳 肖潇 宋洋

出版发行: 中国青年出版社
地　址: 北京市东城区东四十二条21号
网　址: www.cyp.com.cn
电　话: (010)59231565
传　真: (010)59231381
企　划: 北京中青雄狮数码传媒科技有限公司
印　刷: 北京瑞禾色彩印刷有限公司
开　本: 787 x 1092　1/16
印　张: 13
字　数: 385千字
版　次: 2022年10月北京第1版
印　次: 2022年10月第1次印刷
书　号: ISBN 978-7-5153-6728-6
定　价: 69.90元(附赠超值资料, 含语音视频教学+案例素材文件+PPT课件+海量实用资源)

本书如有印装质量等问题, 请与本社联系　电话: (010)59231565
读者来信: reader@cypmedia.com　投稿邮箱: author@cypmedia.com
如有其他问题请访问我们的网站: http://www.cypmedia.com

前言

首先，感谢您选择并阅读本书。

软件简介

随着计算机技术的飞速发展，计算机辅助设计软件的应用表现出如火如荼的态势。AutoCAD作为一款专门用于计算机辅助绘图与设计的软件，凭借其完善的图形绘制功能、强大的图形编辑功能、简洁友好的用户界面以及智能多元的发展方向，现已广泛应用于土木建筑、装饰装潢、城市规划、园林设计、电子电路、机械设计、服装鞋帽、航空航天、轻工化工等诸多领域。

内容提要

本书从实用性角度出发，帮助读者掌握AutoCAD 2022的绘图方法，让读者可以独立绘制复杂的图形。全书以理论知识结合实际案例操作的方式编写，分为基础知识和综合案例两个部分。

基础知识部分，以"功能解析→实例操作→知识拓展→上机实训→课后练习"的形式，在介绍软件功能的同时，以具体案例拓展读者的实际操作能力，真正做到所学即所用。每章内容学习完成后，还会有具体的案例来对所学内容进行综合应用，最后通过课后练习的方式让读者对所学知识进行巩固。

在综合案例部分，案例的选取思路是根据AutoCAD的几大功能特点，有针对性、代表性和侧重点，并结合实际工作中的应用进行选择的。通过对这些实用案例的学习，使读者真正达到学以致用的目的。

为了帮助读者更加直观地学习本书，随书附赠的光盘中不但包括了书中全部案例的素材文件，方便读者更高效地学习，还配备了所有案例的多媒体有声视频教学录像，详细地展示了各个案例效果的实现过程，扫除初学者对新软件的陌生感。

适用读者群体

本书是引导读者轻松学习AutoCAD 2022的最佳途径，适用读者群体如下。

● 各高等院校刚刚开始学习CAD的莘莘学子。

● 各大中专院校相关专业及培训班学员。

● 机械、电气、园林、建筑、室内设计的初学者。

● 从事CAD工作的相关工程技术人员。

本书在写作过程中力求谨慎，但因时间和精力有限，不足之处在所难免，敬请广大读者批评指正。

编　者

目录

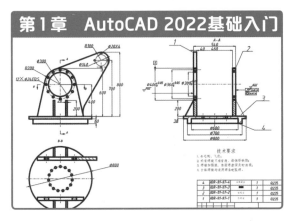

第一部分 基础知识篇

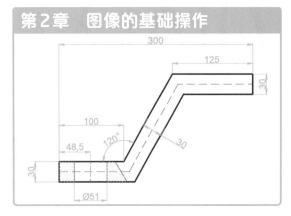

第3章 平面图形的绘制

第4章 编辑二维图形

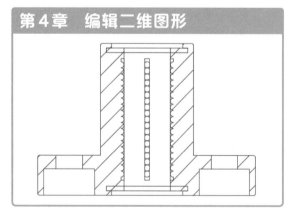

第5章　块的设计和应用

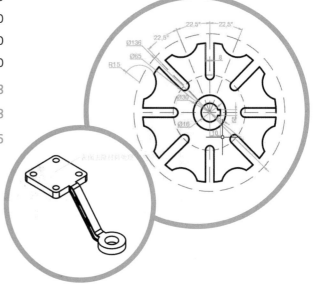

第6章 文字与表格的创建

第7章 尺寸标注的创建

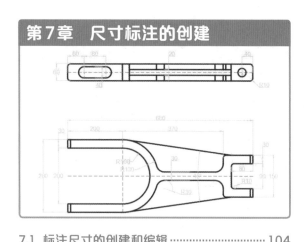

第8章 三维图形的绘制

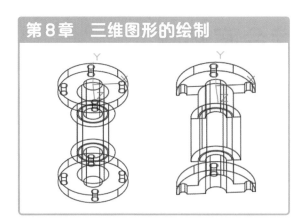

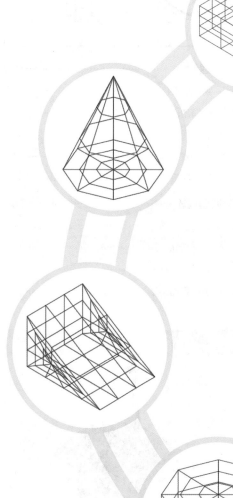

5

第二部分 综合案例篇

第9章 绘制低速轴及低速齿轮

第10章 绘制水槽三维图

第11章 绘制居室装修图

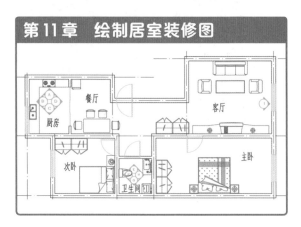

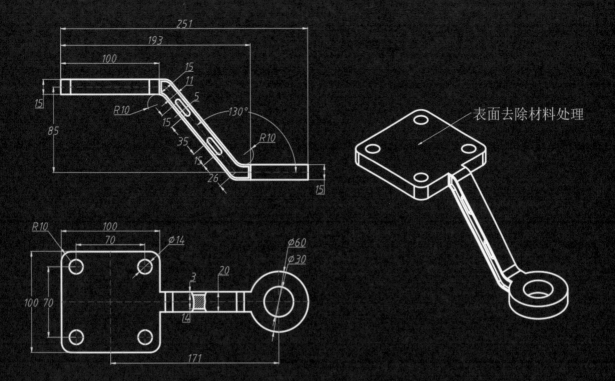

表面去除材料处理

第一部分

基础知识篇

基础知识篇对AutoCAD 2022软件的基础知识和功能应用进行了全面介绍，包括软件工作界面、图形绘制基本操作、二维图形绘制、三维图形绘制、文本和表格的创建、尺寸标注等。在介绍软件功能的同时，配以丰富的实战案例，让读者全面掌握软件技术。熟练掌握这些理论知识，将为后面综合案例的学习奠定基础。

Ⓐ 第1章 AutoCAD 2022基础入门

本章概述

本章为读者介绍AutoCAD的工作界面、图形文件的基本操作，以及系统选项设置等内容，从而便于读者快速掌握AutoCAD的基础知识。

核心知识点

❶ 图形文件的基本操作
❷ AutoCAD 2022工作界面
❸ 系统选项设置
❹ 坐标系统介绍

1.1 AutoCAD 2022的应用领域

AutoCAD是由美国Autodesk公司开发的通用计算机绘图辅助设计软件，具有二维图形绘制、三维图形绘制、图形标注、协同设计、图纸管理等功能，新版本操作更加便捷。目前，已普遍应用到建筑、机械、航天、化工、纺织等领域。

1.2 AutoCAD 2022新增功能

相较于上一个版本，AutoCAD 2022不仅优化了安装过程，提供了更快、更可靠的安装体验，也更新了"开始"选项卡，同时还新增了一些功能，可以使绘图更加便捷，如"跟踪"功能、"计数"功能、"分享"功能等，下面将对其进行讲解。

1.2.1 "开始"选项卡

打开AutoCAD 2022后，我们可以看到"开始"选项卡已经进行了全新的设计，比如高亮显示一些最常见的需求，如下图所示。

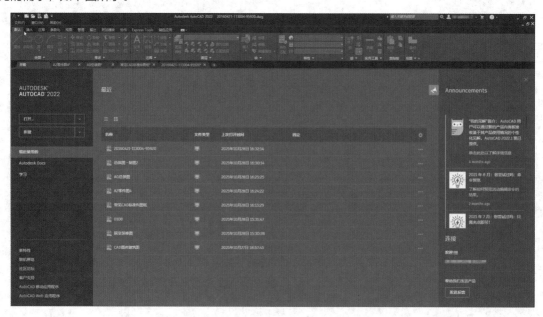

- 在"开始"选项卡的左侧，可以快速打开或者创建图形文件。
- 在"开始"选项卡的中间，可以从上次离开的位置继续工作或者快速打开最近使用的图形文件。
- 在"开始"选项卡的右侧，可以发现产品中的更改内容或接收相关通知。

1.2.2 "跟踪"功能

"跟踪"功能为读者提供了一个安全空间，可用于在AutoCAD Web以及在移动应用程序中协作更改图形，不必担心更改现有图形。跟踪如同一张覆盖在图形上的虚拟协作跟踪图纸，方便协作者直接在图形中添加反馈。

在Web和移动应用程序中创建跟踪，然后将图形发送或共享给协作者，以便他们查看跟踪及其内容。

提示：应用"跟踪"功能

"跟踪"功能需要用户登录Auto Desk才能应用。

1.2.3 "计数"功能

新增的"计数"功能可以快速、准确地计数图形中对象的实例，在计数完成之后，可以将包含计数数据的表格插入到当前图形中。

在模型空间中指定单个块或对象，可以统计单个块或对象中块的数量。我们还可以使用"计数"选项板来显示和管理当前图形中计数的块，如右图所示。

1.2.4 浮动图形窗口

新增的浮动图形窗口功能可以将所需的单个或多个图形文件选项卡拖离AutoCAD应用程序窗口，进而创建一个浮动窗口，如下图所示。

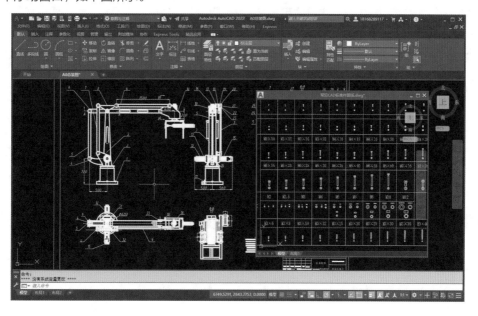

- 创建浮动窗口后，可以同时显示多个图形文件，无须在选项卡之间切换。
- 创建浮动窗口后，可以将一个或多个图形文件移动到另一个显示器上。

1.3 AutoCAD 2022工作界面

AutoCAD 2022的工作界面由标题栏、菜单栏、功能区、绘图区、命令窗口、状态栏、快捷菜单等组成，如下图所示。熟悉了解AutoCAD 2022的工作界面，可以为今后的绘图学习奠定基础，下面将分别进行详细介绍。

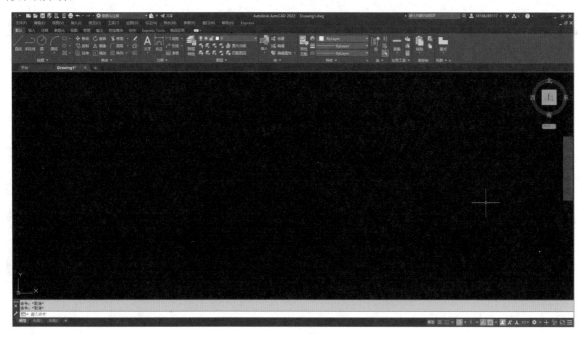

1.3.1 标题栏

标题栏位于工作界面的最上方，由"应用程序"按钮 、快速访问工具栏、当前图形标题、搜索栏、Autodesk A360及窗口控制等按钮组成，如下图所示。

1.3.2 菜单栏

一般来说，在默认状态下"草图与注释""三维基础"和"三维建模"的工作界面是不显示菜单栏的。如果需要显示菜单栏，则可以在快速访问工具栏中单击下拉按钮，在下拉菜单中执行"显示菜单栏"命令，如下图所示。菜单栏中包括文件、编辑、视图、插入、格式、工具、绘图、标注、修改、参数、窗口和帮助等12个主菜单。

| 文件(F) | 编辑(E) | 视图(V) | 插入(I) | 格式(O) | 工具(T) | 绘图(D) | 标注(N) | 修改(M) | 参数(P) | 窗口(W) | 帮助(H) |

1.3.3 功能区

在AutoCAD 2022中，功能区由一系列选项卡组成，如下页图所示。每个选项卡由若干个功能区面板组成，功能区面板包含了一些常用工具按钮和控件，通过单击这些按钮和控件可以完成绘图过程中的大部分工作，而且单击这些按钮和控件操作的效率比使用菜单要高很多。

功能区在默认状态下，水平固定在绘图区域的正上方，这样可以获得最大化的绘图区。根据个人使用习惯或工作需要，可以将其悬浮于绘图区域，或将其垂直固定在绘图区域的左侧或右侧。

1.3.4　绘图区

绘图区是用户的工作窗口，用户的所有工作成果都反映在这个区域，相当于手工绘图的图纸。绘图区域的右侧和下侧有垂直方向和水平方向的滚动条，拖动滚动条可以垂直或水平移动视图。选项卡控制栏位于绘图区的下边缘，分别单击"模型"和"布局"选项卡，可以在模型空间和图纸空间之间进行切换。一般情况下，用户在模型空间绘制图形，然后转至布局空间安排图纸输出布局。AutoCAD 2022的绘图区如下图所示。

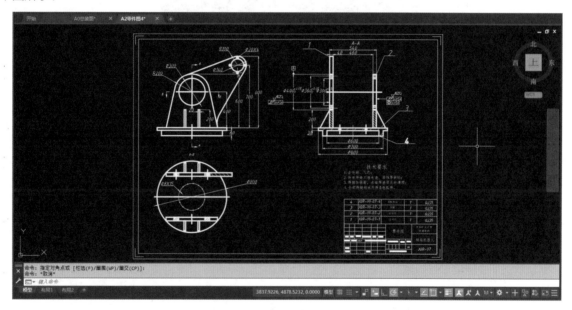

1.3.5　命令窗口

除了单击功能区面板中的绘图按钮外，用户还可以在命令窗口直接输入命令来执行AutoCAD命令。命令窗口主要用来输入AutoCAD绘图命令、显示命令提示信息。在使用AutoCAD 2022进行绘图时，每执行一个命令，用户都可以在命令窗口查看相关提示及信息。命令窗口是进行人机对话的重要区域，特别对于初学者来说，一定要养成随时观察命令窗口提示的好习惯，它是指导用户正确执行AutoCAD命令的有效工具。

在命令窗口输入命令后，需要按回车或空格键来执行或结束命令。输入的命令可以是命令的全称，也可以是相关的快捷命令，一般情况下，快捷命令是命令全称的首字母。如"圆弧"命令，命令的全称是"CTRCLE"，也可以输入快捷命令"C"，输入的命令字母不分大小写。在逐渐熟悉AutoCAD的绘图命令后，使用快捷命令比单击工具栏绘图按钮速度快得多，可以大大提高工作效率。在使用命令栏时，用户可以拖动命令窗口的左边框将其移至任意位置，如下页图片所示。

>>输入 ORTHOMODE 的新值 <0>:
正在恢复执行 CIRCLE 命令。

CIRCLE 指定圆的圆心或 [三点(3P) 两点(2P) 切点、切点、半径(T)]:

文本窗口是记录AutoCAD历史命令的窗口，用户可以通过按F2键打开AutoCAD文本窗口，以便于快速查看完整的历史记录。

1.3.6 状态栏

状态栏位于工作界面的最底端。状态栏最左侧有"模式"和"布局"两个绘图模式，单击即可切换模式，同时状态栏中的工具也会发生变化。

状态栏右侧区域提供某些最常用绘图工具的快速访问按钮。通过单击对应的按钮，可以进行相应的设置。例如：单击对象捕捉按钮的下拉箭头，在弹出的下拉菜单中选择需要进行捕捉的对象类型，如下图所示。

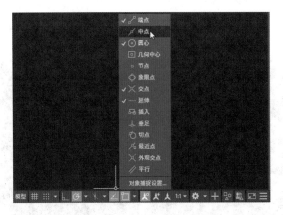

在默认状态下，在状态栏中不会显示所有工具，用户可以通过单击状态栏最右侧的按钮，打开"自定义"菜单，从中选择需要显示的工具。

1.3.7 快捷菜单

默认状态下快捷菜单是隐藏的，在绘图区空白处单击鼠标右键即可弹出快捷菜单。无操作的状态下弹出的快捷菜单、在操作状态下弹出的快捷菜单或者选择图形、对象后弹出的快捷菜单都是不同的。

下左图为无操作状态下的快捷菜单，下右图为在移动对象后的快捷菜单。

1.4 图形文件的基础操作

图形文件的基础操作是设计过程中的重要环节，其中包括了图形文件的新建、打开、保存以及另存为等，下面对图形的基础操作进行详细讲解。

1.4.1 创建图形文件

启动AutoCAD 2022后，打开的就是"开始"界面，直接单击"新建"按钮，即可创建一个新的空白图形文件，如下左图所示。

除此之外，用户还可以通过以下几种方法来创建一个新的图形文件。

- 在菜单栏中执行"文件>新建"命令。
- 单击"应用程序"按钮 ，在弹出的下拉菜单中执行"新建>图形"命令。
- 单击"快速访问"工具栏中的"新建"按钮 。
- 单击绘图区域上方"文件"选项卡中的"新图形"按钮 。
- 已经打开图形文件或新建图形文件后，可在命令窗口中输入"NEW"命令，然后按回车键或空格键。
- 直接按"Ctrl+N"组合键。

执行以上任意操作后，弹出"选择模板"对话框，从文件列表中选择需要的样板，然后单击"打开"按钮，即可创建新的图形文件，如下右图所示。

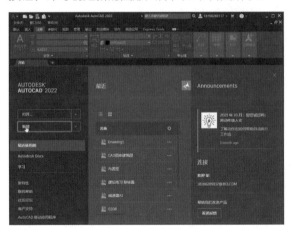 

1.4.2 打开图形文件

启动AutoCAD 2022打开"开始"界面后，直接单击"打开"按钮，如下页左图所示。在弹出的"选择文件"对话框中，选择所需的图形文件即可，如下页右图所示。

除此之外，用户还可以通过以下方式打开已有的图形文件。

- 直接找到图形文件，双击打开。
- 在菜单栏中执行"文件>打开"命令。
- 单击"应用程序"按钮 ，在弹出的下拉菜单中执行"打开>图形"命令。
- 单击快速访问工具栏中的"打开"按钮 。
- 已经打开图形文件或新建图形文件后，可在命令窗口中输入"Open"命令，并按回车键或空格键。
- 直接按"Ctrl+O"组合键。

执行以上除第一种方式之外的任一操作，都会弹出"选择文件"对话框。在"选择文件"对话框中单击"查找范围"下拉按钮，在弹出的下拉菜单中选择要打开的文件夹，然后在文件夹中选择所需的图形文件，单击"打开"按钮或双击文件名，即可打开图形文件。

1.4.3　保存图形文件

对图形文件进行编辑后，要对图形文件进行保存。用户可以直接保存图形文件，也可以更改名称后保存为另一个文件。为了防止突然断电、误操作等突发情况导致图形文件意外丢失，用户应养成随时保存所绘图样的良好习惯。

（1）保存新建图形文件

用户可以通过下列方式保存新建图形文件。

● 在菜单栏中执行"文件>保存"命令。

● 单击"应用程序"按钮 ，在弹出的下拉菜单中执行"保存"命令。

● 单击快速访问工具栏中的"保存"按钮 。

● 在命令窗口中输入"SAVE"命令，然后按回车键或空格键。

● 直接按"Ctrl+S"组合键。

执行以上任意一种操作后，若当前图形文件尚未进行保存，则系统将弹出"图形另存为"对话框；若当前图形文件已进行保存，则会在命令窗口的命令行中自动弹出"_qsave"字样。

（2）以新文件名保存图形文件

对于已保存的图形，可以以新文件名保存为另一个图形文件。在打开需要另存为的图形文件后，用户可以通过下列任意方式进行另存为操作。

● 执行"文件>另存为"命令。

● 单击"应用程序"按钮 ，在弹出的下拉菜单中执行"另存为"命令。

● 单击快速访问工具栏中的"另存为"按钮 。

● 直接按"Ctrl+Alt+S"组合键。

执行以上任意一种操作后，在弹出的"图形另存为"对话框中对图形文件名、图形文件类型以及图形文件存储位置等信息进行设置，如右图所示。

1.5 AutoCAD 2022系统选项设置

AutoCAD 2022的系统参数设置主要是对系统进行配置，包括对文件路径、绘图背景颜色、自动保存时间、绘图单位等进行设置。在安装AutoCAD 2022软件后，系统将自动完成默认的初始系统配置。用户可以通过下列任一方式打开"选项"对话框，进行系统的相关配置。

- 在菜单栏中执行"工具>选项"命令。
- 单击"应用程序"按钮███▼，在弹出的下拉菜单中执行"选项"命令。
- 在命令窗口中输入"OPTINOS"命令，然后按回车键或空格键。
- 在绘图区域中单击鼠标右键，在弹出的快捷菜单中执行"选项"命令。

在弹出"选项"对话框后，用户可以在该对话框中设置所需要的系统配置。本节将对"选项"对话框中的部分选项卡进行详细讲解。

1.5.1 "显示"选项卡

在"选项"对话框中单击"显示"按钮，切换至"显示"选项卡，在"显示"选项卡中可以对窗口元素、布局元素、显示精度、显示性能、十字光标大小、淡入度控制等显示性能进行设置，如下左图所示。下面将对"显示"选项卡中的部分选项组进行讲解。

- **窗口元素**："窗口元素"选项组主要是对窗口的颜色主题、窗口内容的显示方式等进行设置。例如，单击"颜色"按钮后将弹出"图形窗口颜色"对话框，在这之中可以对二维模型空间、图纸、布局的界面元素颜色进行设置，单击"颜色"下拉按钮，选择需要的颜色即可，如下右图所示。

 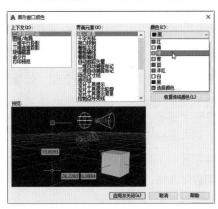

- **布局元素**：该选项组用于设置图纸布局的相关内容，并控制图纸布局的显示或隐藏。勾选"显示可打印区域"复选框时，可以显示布局中的可打印区域（可打印区域是指虚线以内的区域），如下左图所示。取消勾选"显示可打印区域"复选框时，则不显示可打印区域的布局（无虚线框），如下右图所示。

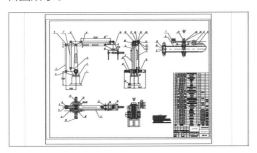 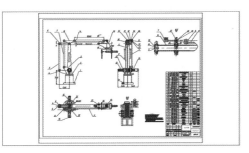

- **显示精度**：在这里可以对图形对象的显示质量进行设置，如对圆弧或圆的平滑度、每条多段线的段数等项目进行设置。但是，如果设置较高的值提高显示质量，则绘图性能将受到显著影响。
- **显示性能**：在这里可以对显示性能进行设置与控制，包括"利用光栅与OLE平移与缩放""仅亮显光栅图像边框""应用实体填充""仅显示文字边框"等复选框。
- **十字光标大小**：在这里可以对光标的十字大小进行调整。
- **淡入度控制**：在这里设置的参数可以将不同类型的图形区分开来，使操作更加方便，用户可以根据自己的习惯来调整。

1.5.2 "打开和保存"选项卡

在"打开和保存"选项卡中，用户可以对文件保存、文件安全措施、文件打开、外部参照等进行设置，下面将对"打开和保存"选项卡的部分选项组进行讲解。

- **文件保存**："文件保存"选项组可以对文件保存的格式、缩略图预览以及增量保存百分比等参数进行设置。
- **文件安全措施**：在这里不仅可以对自动保存的间隔时间进行设置，还可以对是否创建副本临时文件的扩展名等参数进行设置。
- **文件打开**：在这里可以对最近使用的文件数量进行设置，设置的范围为0～9。
- **应用程序菜单**：在这里可以对"应用程序菜单"选项组中最近使用的文件数量进行设置，设置的范围为0～9。
- **外部参照**：在这里可以对调用外部参照时的状况进行设置，可对启动、禁用或使用副本进行设置。
- **ObjectARX应用程序**：在这里可以对加载ObjectARX应用程序和自定义对象的代理图层进行设置。

1.5.3 "打印和发布"选项卡

在"打印和发布"选项卡中，用户可以对打印机进行选择并对打印样式进行参数设置，包括出图设备的配置选项，如下页右图所示。下面将对该选项卡中的部分选项组进行讲解。

- **新图形的默认打印设置**：在这里可以对默认输出设备的名称进行设置，也可以对是否使用上次可用的打印设备进行设置。
- **打印到文件**：在这里可以对打印到文件操作的默认位置进行设置。
- **后台处理选项**：在这里可以对何时启用后台打印进行设置。
- **打印和发布日志文件**：在这里可以对打印和发布日志的方式及保存打印日志的方式进行设置。

- **自动发布**：在这里可以对是否需要自动发布及自动发布的文件位置、类型等进行设置。
- **常规打印选项**：在这里可以对修改打印设备时的图纸尺寸、后台打印警告、设置OLE打印质量以及是否隐藏系统打印机进行设置。
- **指定打印偏移时相对于**：可以对在打印偏移时相对于对象为可打印区域还是图纸边缘进行设置。
- **打印戳记设置**：单击该按钮，将弹出"打印戳记"对话框，用户可以从中设置打印戳记的具体参数，如下右图所示。

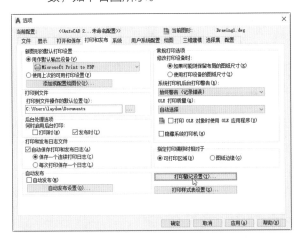

1.5.4 "系统"选项卡和"用户系统配置"选项卡

在"系统"选项卡中，用户可以对硬件加速、当前定点设备、数据库连接选项等选项进行设置，如下左图所示。

在"用户系统配置"选项卡中，用户可以对Windows标准操作、插入比例、超链接、字段、坐标数据输入的优先级等进行设置。另外，用户还可单击"块编辑器设置""线宽设置"和"默认比例列表"按钮，进行相应的参数设置，如下右图所示。

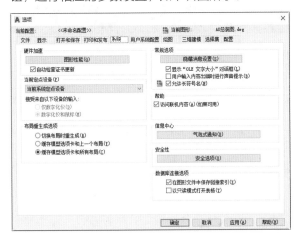

1.5.5 "绘图"选项卡和"三维建模"选项卡

在"绘图"选项卡中，用户可以在"自动捕捉设置"和"AutoTrack设置"选项组中对绘图时自动捕捉和自动追踪的相关参数进行设置，还可以通过拖动滑块来调节自动捕捉标记和靶框的大小，如下页左上图所示。

在"三维建模"选项卡中，用户可以对三维十字光标、在视口中显示工具、三维对象和三维导航等选项进行设置，如下右图所示。

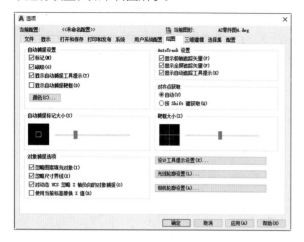 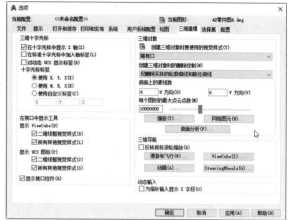

下面将对这两个选项卡中的部分选项组进行讲解。

- **自动捕捉设置：** 在这里可以对绘制图形时捕捉点的样式进行设置。
- **自动捕捉标记大小：** 在这里可以对自动捕捉标记的大小进行设置。
- **对象捕捉选项：** 在这里可以对忽略图案填充对象、忽略尺寸界线等项目进行设置。
- **靶框大小：** 在这里可以对靶框的大小进行设置。
- **三维十字光标：** 在这里可以对"三维十字光标"是否显示Z轴、是否在标准十字光标中加入轴标签以及十字光标标签的显示样式等进行设置。
- **三维对象：** 在这里可以对创建三维对象时要使用的视觉样式、曲面上的素线数、镶嵌和网格图元进行设置。

1.6　视口显示

视口用于显示模型不同的视图区域。根据模型的复杂程度和实际查看需要，AutoCAD提供了12种不同的视口样式。用户可以根据实际需要自由创建视口，通过选择不同的视口样式来观察模型的各个角度。

1.6.1　新建视口

"新建视口"命令可以将绘制窗口划分为若干个视口，便于查看图形。视口可以单独进行平移和缩放，不同视口也可以进行切换。用户可以根据实际需要自由创建视口，并将创建好的视口保存以便下次使用。

用户可以通过以下方法调用"新建视口"命令。

- 在菜单栏中执行"视图>视口>新建视口"命令，如下页左上图所示。
- 在功能区"视图"选项卡下，单击"模型视口"面板中的"命名"按钮 命名，如下页右上图所示。
- 在命令行中输入"VPORTS"命令，并按下回车键。

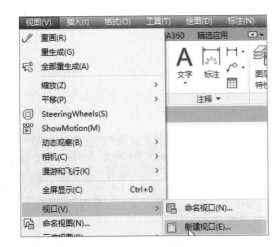

执行以上任意一种操作后，系统将弹出"视口"对话框，如下左图所示。在"视口"对话框中切换至"命名视口"选项卡，可以重新给视口命名，如下右图所示。用户可以对视口的数量、布局和类型进行设置，完成后单击"确定"按钮即可。

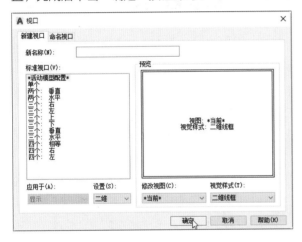
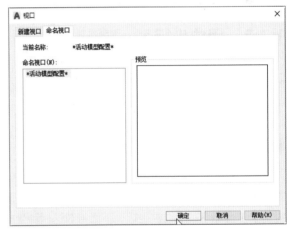

1.6.2 合并视口

在AutoCAD 2022中用户可以对多个视口进行合并，具体操作方法如下。

● 在菜单栏中执行"视图>视口>合并"命令。

● 在功能区"视图"选项卡下的"模型视口"面板中，单击"合并"按钮 合并。

执行任意一种操作，即可执行合并视口操作，命令行提示如下。

```
命令：
命令： _-vports
输入选项 [保存(S)/恢复(R)/删除(D)/合并(J)/单一(SI)/?/2/3/4/切换(T)/模式(MO)] <3>: _j
选择主视口 <当前视口>：
选择要合并的视口：正在重生成模型。
```

键入命令

1.7 AutoCAD 2022坐标设置

在AutoCAD 2022中绘图时，点的位置是通过坐标系确定的，其中坐标系分世界坐标系（WCS）和用户坐标系（UCS），用户可通过UCS命令进行坐标系的转换。

1.7.1 世界坐标系

世界坐标系也称为WCS坐标系，是AutoCAD 2022中的默认坐标系，是通过3个互相垂直的坐标轴X、Y、Z来确定空间中的位置。世界坐标系的X轴为水平方向，Y轴为垂直方向，Z轴为正方向垂直屏幕向外，坐标原点默认位于绘图区左下角，下左图为二维图形空间的坐标系，下右图为三维图形空间的坐标系。

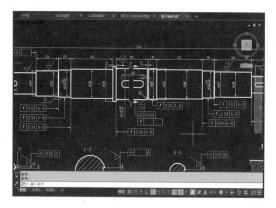 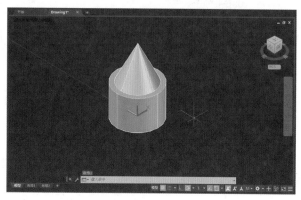

1.7.2 用户坐标系

用户坐标系也称为UCS坐标系，是许多精密绘图操作的必备工具。用户坐标系是可以进行更改的，它主要为图形的绘制提供参考。创建新的用户坐标系，可以通过在菜单栏中执行"工具>新建(UCS)"命令下的子命令来实现，也可以通过在命令窗口中输入"UCS"命令来完成。

1.7.3 坐标输入方法

不管多么复杂的机械制图、建筑图形或是其他二维图形，都是通过最基本的点和线段组成的，而线段则是由点组成的，这些都是需要通过输入坐标值来确定点的位置以及线段的起点、终点。二维坐标包括二维笛卡尔坐标系和二维极坐标，下面将对这两种坐标输入方法进行详细讲解。

（1）二维笛卡尔坐标

二维笛卡尔坐标表示方法分为绝对坐标和相对坐标两种。

① **绝对坐标**　　当确切知道了某个点的绝对坐标时，才可以使用绝对坐标。在绝对坐标系中，坐标轴的交点也称为原点，绝对坐标是指相对于当前坐标原点的坐标。默认原点的位置在图形的左下角，当输入点的绝对坐标（X, Y, Z）时，其中X、Y、Z的值就是输入点相对于原点的坐标距离。在二维平面绘图中，Z坐标值默认等于0，所以用户只需输入X、Y值便可。

② **相对坐标**　　相对坐标是基于上一输入点的。只有知道某点与前一点的位置关系，才可以使用相对坐标。在相对坐标点中，用上一个点的坐标加上一个偏移量可确定当前点的点坐标。相对坐标输入与绝对坐标输入的方法基本相同，只是X、Y坐标值表示的是相对于前一点的坐标差，并且要在输入的坐标值前面加上"@"符号，相对坐标是较为常用的。

（2）二维极坐标

二维极坐标表示方法分为绝对极坐标和相对极坐标两种。

① **绝对极坐标**　　当确切知道了某点的准确距离和角度坐标时，才可以使用绝对极坐标。在输入极坐标时，距离和角度之间用"<"符号隔开。如在命令窗口中输入"(20<45)"，表示该点距离原点20个单

位,与X轴形成45°角。在默认情况下,AutoCAD以逆时针旋转为正,顺时针旋转为负。

② **相对极坐标** 相对极坐标是指相于上一个点的坐标,相对坐标以前一个点为参考点,用位移增量确定点的位置。输入相对坐标时,要在坐标值的前面加一个"@"符号。如上一个操作点的坐标是(10,20),输入"@(5,8)",则表示该点的绝对值坐标为(15,28)。

 ## 知识延伸:"配置"选项卡

在"选项"对话框中,最后一个选项卡是"配置"选项卡,在"配置"选项卡中,用户可以根据个人的需要创建一个或多个包含前面选项的配置,这样就不需要频繁地变更设置。

步骤01 在"配置"选项卡中选择"配置A"并单击"置为当前"按钮,即可将配置A设为当前配置,如下图所示。

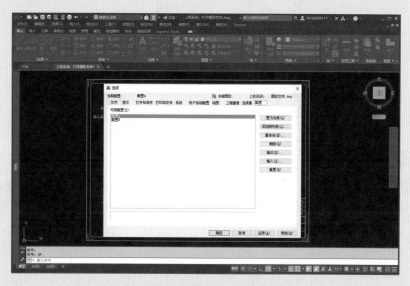

步骤02 选择"配置B"并单击"置为当前"按钮,即可将配置B设为当前配置,如下图所示。

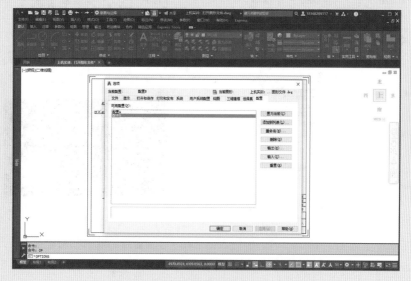

上机实训：打开图形文件

学习本章知识后，这里将以打开图形文件为例，介绍如何根据自己的操作习惯对AutoCAD 2022的绘制操作界面进行相应的修改，具体步骤如下。

扫码看视频

步骤01 打开AutoCAD 2022软件后，打开对应文件夹中的"上机实训：打开图形文件"文件，当前默认的工作界面为白色，如下图所示。

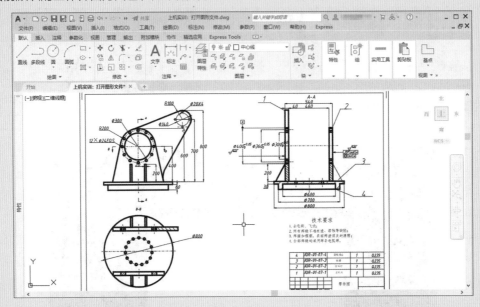

步骤02 在命令窗口中输入"OPTINOS"命令，并按空格键，在弹出的"选项"对话框中切换到"显示"选项卡中，单击"窗口元素"选项组的"颜色主题"按钮，在下拉选项列表中选择"暗"选项，如下左图所示。

步骤03 在"显示"选项卡中，单击"窗口元素"选项组的"颜色"按钮。在弹出的"图形窗口颜色"对话框中设置颜色为黑色，单击"应用并关闭"按钮，如下右图所示。

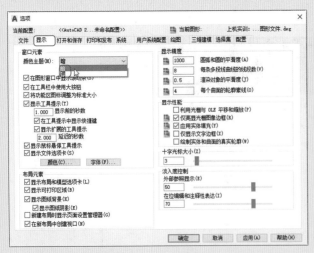

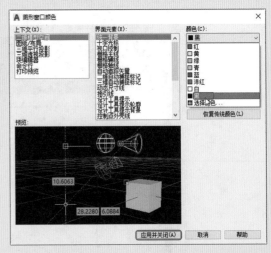

步骤04 在"显示"选项卡中单击"应用"按钮，此时可以看到功能区和绘图区域主题颜色已经发生改变，如下页图片所示。

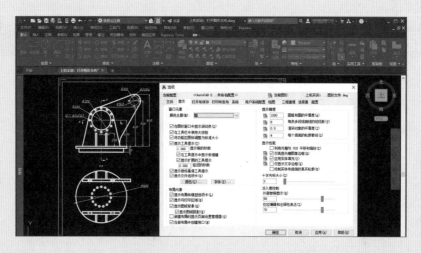

步骤 05 在"窗口元素"选项组中取消勾选"在图形窗口中显示滚动条"复选框，并单击"应用"按钮，如下左图所示。

步骤 06 接下来切换到"绘图"选项卡，调整靶框大小，并单击"应用"按钮，如下右图所示。

步骤 07 单击"选项"对话框右上角的叉号关闭对话框，此时可以看到绘图操作界面已经根据我们的需要进行了变更，如下图所示。

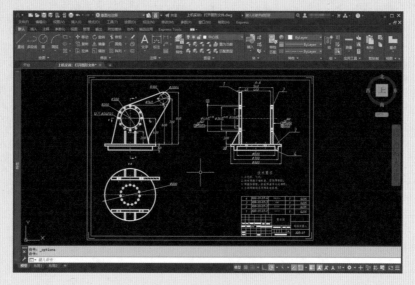

课后练习

通过本章的学习，相信用户对AutoCAD 2022的工作界面的组成、图形文件的创建、打开和保存，以及系统选项设置等知识点有了一定的了解。下面再结合习题，进一步强化学习AutoCAD绘图的常见操作知识。

一、选择题

（1）下列选项中（　　）是打开图形文件快捷键。

A. Ctrl+S   B. Ctrl+Alt+N

C. Ctrl+N   D. Ctrl+O

（2）按（　　）可以打开文本窗口。

A. F2   B. F3

C. F4   D. F5

（3）下列（　　）选项组可以设置自动保存。

A. ObjectARX应用程序   B. 文件打开

C. 文件安全措施   D. 文件保存

（4）在"选项"对话框的（　　）选项卡中，可以调整靶框的大小。

A. 显示   B. 用户系统配置

C. 绘图   D. 配置

二、填空题

（1）"应用程序"按钮位于_____。

（2）二维坐标系包括_____和_____。

三、上机题

（1）在"打印和发布"选项卡中打开"打印戳记"对话框，如下左图所示。

（2）设置一个符合自己绘图习惯的界面，包括背景的颜色、靶框的大小、命令窗口的吸附位置等，如下右图所示。

 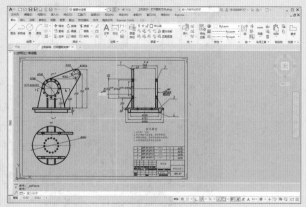

Ⓐ 第2章 图像的基础操作

本章概述

在绘图之前，用户应该对绘图环境进行必要的设置，包括图形界限、图形单位、图层的创建与设置。例如，通过对图层进行设置，可以调节图形的颜色、线宽以及线型特性，从而提高绘图效率，也能更直观地观察图形。

核心知识点

① 绘图环境的设置
② 图层的基础应用
③ 绘图基础知识

2.1 绘图环境的设置

创建一个新的图形文件，就相当于打开了一张绘图的白纸。在绘制工程图样之前，应该首先了解长度度量单位和图纸幅面的大小，我们把它称为绘图环境的设置。

2.1.1 图形单位的设置

在创建一个新的图形文件之后，当前绘图区域就相当于一张空白的图纸。绘制二维草图之前，我们需要对基础的图形单位进行设置才能开始绘制。

在菜单栏中执行"格式>单位"命令，或者在命令窗口输入"UNITS"命令并按回车键或空格键，在弹出的"图形单位"对话框中对相关参数进行设置，如下左图所示。在"图形单位"对话框的下方单击"方向"按钮，在弹出的"方向控制"对话框中，选择所需的基准角度，如下右图所示。

- **长度**：在"类型"下拉列表中可设置当前测量单位的显示格式，包括"建筑""小数""工程""分数"和"科学"，其中"小数"为默认的显示格式。每一个下拉选项对应的"精度"选项都是不一样的，在选择"小数"显示格式时，"精度"选项中最高可显示小数点后8位。
- **角度**：可以对角度类型和角度显示的精度进行设置，同样，每一个下拉选项对应的"精度"选项都是不一样的。默认的角度类型为"十进制度数"，其对应的精度也可以显示到小数点后8位。
- **插入时的缩放单位**：在这里可以对插入时缩放的单位进行设置。
- **输出样例**：在这里显示了上方参数设置完成之后的输出样例。
- **光源**：在这里可以对当前图形中光度控制、光源强度等测量单位进行控制。

2.1.2 图形界限的设置

默认的绘图工作区是无限大的，所以在绘图时需要对绘图工作区和图纸边界进行限定。绘图工作区域通过指定矩形区域的左下角点和右上角点来定义。用户可通过下列方法为绘图区域设置边界。

- 在菜单栏中执行"格式>图形界限"命令。
- 在命令窗口中输入"LIMITS"命令，然后按回车键或空格键。

这里以第二种方法为例。在命令窗口中输入"LIMITS"命令并按空格键，在命令行提示"指定左下角点或[开（ON）/关（OFF）]<0.0000,0.0000>："时，输入"ON"并按空格键，即可调出"出界检查"功能。接下来再次在命令窗口中输入"LIMITS"命令并分别输入左下角和右上角两点的坐标，即可完成对图形界限的设置。由于我们在第一步就已经打开了"出界检查"功能，这时在命令窗口输入"_line"命令，按下空格键后在绘图区域的边缘处任点一个点作为直线的起点，命令行会出现"**超出图形界限"的提示信息，如右图所示。如果输入"OFF"，表示用户可以在图形界限之内或之外绘图，系统不会给出任何提示信息。

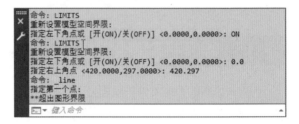

2.2 图层的基础操作

在AutoCAD中，每一层图层就相当于一张绘有图形的透明纸，多个图层即相当于多张透明纸重合在一起，形成一份完整的图形，用户可以任意地对每一个图层的颜色、线型和线宽进行设置，而不会影响其他图层的图形。例如在机械图中，可以将粗实线、细实线、中心线、文字、标注等放在不同的图层进行绘制。

2.2.1 图层特性管理器

在AutoCAD 2022中，图层和图层特性的管理都是在"图层特性管理器"选项面板中进行的，用户可以通过以下几种方式打开"图层特性管理器"选项面板。

- 在菜单栏中执行"格式>图层"命令。
- 在"默认"选项卡的"绘图"面板中单击"图层特性"按钮。

执行上述任一操作都可打开"图层特性管理器"选项面板，如下图所示。我们可以看到该选项面板分为两部分，左侧为"过滤器"列表，用于显示图形中的图层过滤器；右侧为"图层"列表，图层和图层特性都在这一侧进行设置和操作。

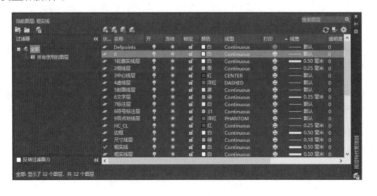

2.2.2 图层的创建、重命名和删除

图层的创建、重命名和删除操作都是在"图层特性管理器"选项面板的图层列表区域进行的，下面将对如何创建、重命名和删除图层进行逐一讲解。

（1）图层的创建

在图层列表中单击新建图层图标 ，即可新建图层，在新建的图层名称栏输入图层名称。也可以在图层列表区域内右击，在弹出的快捷菜单中执行"新建图层"命令，对其进行命名即可。

（2）图层的重命名

在图层列表中选择需要进行重命名的图层，单击名称栏并停留一秒即可对图层进行重命名。也可以选择需要进行重命名的图层，右击并在弹出的快捷菜单中执行"重命名图层"命令。

（3）图层的删除

在图层列表中单击删除图层图标 ，即可删除图层。也可以在图层列表区域内右击，在弹出的快捷菜单中执行"删除图层"命令。

提示：图层的作用

在绘制复杂图形时，如果都在同一个图层进行绘制的话，不够合理，不方便编辑与修改，也容易出错。这时就需要使用图层的功能。它对图形文件中各类实体的分类管理和综合控制具有重要的意义。

2.2.3 图层的基础设置

在图层列表中，除了创建和删除图层，对图层的管理主要是对基础状态进行设置，比如图层的可见性、设置当前图层等。用户还可以对图层的特性，比如"颜色""线型""线宽""透明度""打印样式"等进行设置，下面将对其逐一进行讲解。

（1）图层的可见性

图层的可见性包括图层的打开和关闭、图层的冻结和解冻以及图层的锁定和解锁，这三种图层的可见性设置有共同点也有区分点，下面将详细介绍。

① **图层的打开和关闭** 该项可以打开和关闭选定的图层。当图标为 时，说明图层被打开，是可见的，并且可以打印。当图标为 时，说明图层被关闭，是不可见的，并且不能打印。若关闭当前图层，系统会提示是否关闭当前图层，只需选择"关闭当前图层"选项即可。关闭当前图层后，若要在该层中绘制图形，其结果将不显示。

② **图层的冻结和解冻** 该项可以冻结和解冻选定的图层。当图标为 时，说明图层被冻结，图层不可见，不能重生成，并且不能进行打印。当图标为 时，说明被冻结的图层解冻，图层可见，可以重生成，也可以进行打印。

除了"图层特性管理器"选项面板，用户还可以在功能区的"常用"选项卡中，使用"图层"面板上的图层工具对图层的冻结和解冻进行设置。在图层下拉列表中选择需要冻结的图层，此时可以看到当前图标显示的是解冻状态，如下页左上图所示。单击该图标，可以看到图标显示为冻结状态，对应图层上的内容也不可见，如下页右上图所示。

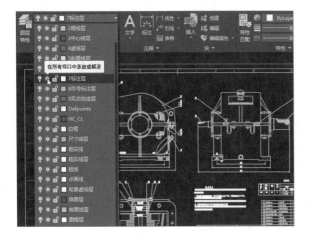
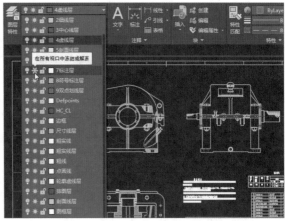

由于冻结的图层不参与图形的重生成，可以节约图形的生成时间，提高计算机的运行速度。因此对于绘制较大的图形，暂时冻结不需要的图层是十分必要的。

③ **图层的锁定和解锁**　该项可以锁定和解锁选定的图层。当图标为 🔒 时，说明图层被锁定，图层可见，但图层上的对象不能被编辑和修改。当图标为 🔓 时，说明被锁定的图层解锁，图层可见，图层上的对象可以被选择、编辑和修改。

（2）图层颜色的设置

在"图层特性管理器"选项面板中，选择需要设置颜色的图层，并单击颜色图标 □白 ，在弹出的"选择颜色"对话框中选择需要的颜色，如右图所示。用户可根据需要分别在"索引颜色""真彩色"和"配色系统"选项卡中选择所需的颜色。其中标准颜色名称仅适用于1~7号颜色，分别为：红、黄、绿、青、蓝、洋红、白/黑。

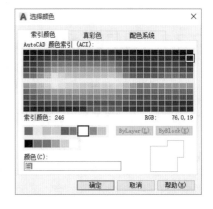

（3）图层线型的设置

在"图层特性管理器"选项面板中，单击线型图标 Continuous ，在弹出的"选择线型"对话框中选择所需的线型，如下左图所示。如果在"选择线型"对话框中没有所需的线型，则可以单击"加载"按钮，并在弹出的"加载或重载线型"对话框中选择所需的线型，如下右图所示。

（4）图层线宽的设置

在"图层特性管理器"选项面板中，单击线宽图标 0.70 毫米 ，在弹出的"线宽"对话框中选择所需的线宽，如下页左上图所示。如果在设置线宽后无法在绘图区域显示出线宽，可以在状态栏中单击"显示/隐藏线宽"按钮 ，也可以在菜单栏中执行"格式>线宽"命令，在弹出的"线宽设置"对话框中，勾选"显示线宽"复选框，如下右图所示。

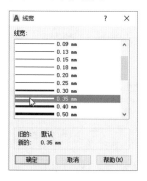
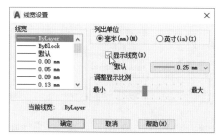

2.3 二维草图的基础设置

AutoCAD 2022的草图设置主要是在"草图设置"对话框中完成的，受限于鼠标的操作精度和高自由度，用户需要对光标的精度进行更进一步的设置。

在菜单栏中执行"工具>绘图设置"命令，或在命令窗口中输入"DSETTINGS"命令。

弹出"草图设置"对话框后，可以在捕捉和栅格、极轴追踪、对象捕捉、三维对象捕捉、动态输入和快捷特性等选项卡中进行相关设置，下面将对较为常用的选项卡进行讲解。

2.3.1 捕捉和栅格的设置

在绘制图形时，使用捕捉和栅格功能有助于创建和对齐图形中的对象。一般情况下，捕捉和栅格是配合使用的，即捕捉间距与栅格的X、Y轴间距分别一致，这样就保证了鼠标能拾取到精确的位置。在下图中，"捕捉和栅格"选项卡左侧是捕捉相关设置，右侧是栅格相关设置。

（1）启用捕捉

在"捕捉和栅格"选项卡的左侧勾选"启用捕捉"复选框，即可开始捕捉，接下来便可以对相关参数进行设置。

- **捕捉间距**：在这里可以对捕捉X、Y轴间距进行设置，需要注意的是，仅在"捕捉类型"中选择"栅格捕捉"单选按钮时才可以进行设置，如下页左上图所示。
- **极轴间距**：在这里可以对PolarSnap(0)的增量距离进行设置，同样，仅在"捕捉类型"中选择"Polar- Snap(0)"单选按钮时才可以进行设置，如下页右上图所示。

- **捕捉类型**：在这里可对捕捉类型进行设置，在"捕捉类型"为"栅格捕捉"时，可设置捕捉样式为"矩形捕捉"或"等轴测捕捉"。而在"捕捉类型"为"PolarSnap(0)"时，则不可设置捕捉样式。

（2）启用栅格

在启用栅格之前，需要在"捕捉和删除"选项卡的右侧勾选"启用栅格"复选框，接下来便可以对相关参数进行设置，下面将逐一进行讲解。

- **栅格样式**：用户可以在二维模型空间中设定栅格样式，也可以使用 GRIDSTYLE 系统变量设定栅格样式。
- **栅格间距**：控制栅格的显示，有助于直观显示距离。
- **栅格行为**：可以设置显示栅格线而不显示栅格点。下左图是未启用栅格的状态，下右图是启用栅格的状态。

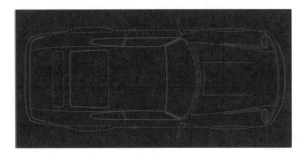 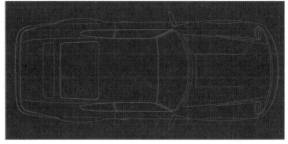

2.3.2　极轴追踪的设置

极轴是指从极点发出的射线，而在AutoCAD中，极轴的追踪主要是对极轴的夹角进行设置。在下左图中，勾选"启用极轴追踪"复选框后，设置极轴的增量角为30°，那么在绘图区域绘制直线，当极轴的增量角为30°及30°的整数倍时，极轴会自动延伸出无限长的虚线，如下右图所示。

 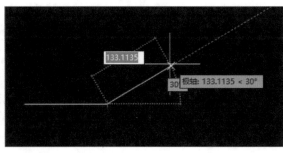

- **极轴角设置**：在这里主要是对极轴追踪的增量角进行设置，除了可以选择下拉列表中的角度，还可以新建一个自定义角度进行追踪。
- **对象捕捉追踪设置**：当选择"仅正交追踪"单选按钮时，仅能对正交方向的极轴进行追踪。而在选择"用所有极轴角设置追踪"单选按钮时，则可以对任意极轴角进行追踪。
- **极轴角测量**：当选择"绝对"单选按钮时，极轴追踪的基准坐标系为用户当前设置的UGS坐标系。而当选择"相对上一段"单选按钮时，这里的基准主要是依据上一条绘制的线段。

2.3.3　对象捕捉的设置

对象捕捉追踪是AutoCAD 2022中一个重要的辅助绘图功能，可以自动捕捉到二维对象中的特殊点，如端点、中点、圆心等。勾选"中点"复选框，如下左图所示，即可在绘制直线时，捕捉到图形的中点作为起点，如下右图所示。在实际使用时，除了需要勾选"启用对象捕捉"复选框以启用对象捕捉外，一般还需要勾选"启用对象捕捉追踪"复选框，因为在启用对象捕捉追踪时，也会出现与所捕捉的点正交的射线。

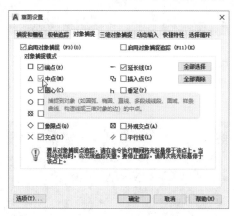 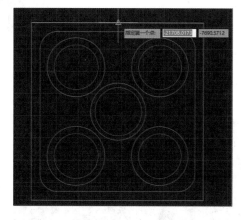

实战练习 使用对象捕捉功能绘制箭头

下面对如何绘制箭头进行讲解，通过本案例的学习，用户可以对如何使用对象捕捉功能有更进一步的了解。

步骤 01 创建新的图形文件后，在菜单栏中执行"格式>图层"命令，并在打开的"图层特性管理器"选项面板中新建"细实线"图层，将其设为当前图层，如下左图所示。

步骤 02 关闭"图层特性管理器"选项面板后，在菜单栏中执行"工具>绘图设置"命令，在打开的"草图设置"对话框中选择"极轴追踪"选项卡，这里设置极轴角的增量角为30°，如下右图所示。

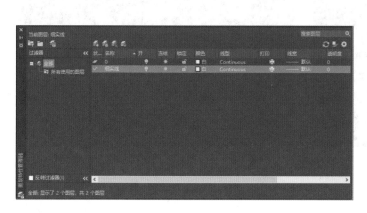 

步骤 03 接下来切换至"对象捕捉"选项卡，在这里需要勾选"端点"和"中点"两个复选框，如下左图所示。

步骤 04 在完成上述设置后，在菜单栏中执行"绘图>多段线"命令，并在绘图区任选一点作为起点，如下右图所示。

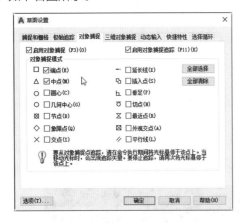 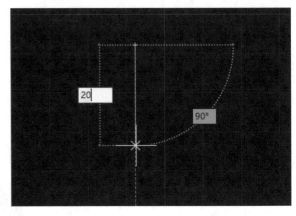

步骤 05 接下来再次绘制另外两根线段，这里需要注意夹角和长度，如下左图所示。

步骤 06 在绘制斜线时，斜线的端点不仅需要和第一根线段的中点对齐，同时还需要满足夹角的要求，如下右图所示。

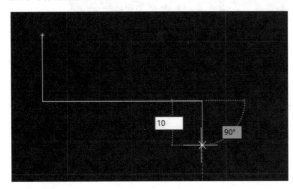 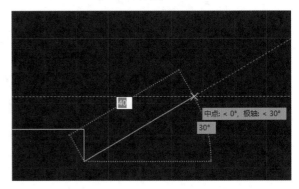

步骤 07 在绘制对侧的斜线时，需要注意夹角和端点平齐，如下左图所示。

步骤 08 绘制对侧的短直线时，需要注意夹角和端点平齐，如下右图所示。

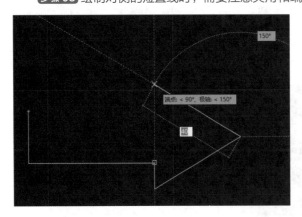 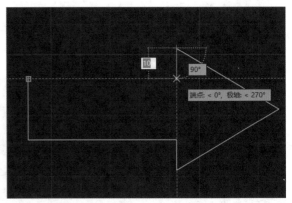

步骤 09 将最后一条直线的端点和第一条直线的端点重合，按Esc键即可完成绘制，如下页左上图所示。

步骤 10 最后根据需要对齐，进行填充图案即可，如下页右上图所示。

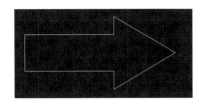 

2.3.4 三维对象捕捉的设置

三维对象捕捉的设置和对象捕捉追踪的设置类似，区别在于此处追踪的对象为三维模型。在"草图设置"对话框中勾选"边中点"复选框，如下左图所示，即可将绘制直线时捕捉到棱锥体的边中点作为起点，如下右图所示。

 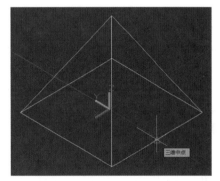

2.4 其他绘图辅助功能

绘图辅助功能除了"草图设置"对话框设置的内容外，还包括其他的一些绘图辅助功能，比如绘图窗口的缩放、视图的平移、距离和面积的缩放等。

2.4.1 绘图窗口的缩放和视图的平移

绘图窗口的缩放可以增加或减少视图区域，图形的实际大小保持不变。视图的缩放和平移用于查看当前视图中的不同部分，不会改变视图大小。下面对这两者分别进行讲解。

（1）视图的缩放

缩放视图可以增加或减少图形对象的屏幕显示尺寸，观察图形的整体结构和局部细节。缩放视图不改变对象的真实尺寸，只改变显示的比例。

用户可以通过以下方法执行"缩放"命令。

- 在菜单栏中执行"视图>缩放"命令中的子命令。
- 在命令窗口中输入"ZOOM"命令，然后按下回车键或空格键。
- 直接滑动鼠标滚轮，即可进行视图窗口的缩放。

（2）视图的平移

在绘制图形的过程中，由于某些图形比较大，在进行放大绘制及编辑时，其余图形对象将不能进行显示。如果要显示绘图区边上或绘图区外的图形对象，但又不想改变图形对象的显示比例，则可以使用平移视图功能，移动图形对象。

用户可以通过以下方法进行视图的平移。

- 在菜单栏中执行"视图>平移"命令中的子命令。
- 在命令窗口中输入"PAN"命令，然后按下回车键或空格键。
- 按住鼠标滚轮移动鼠标，即可进行视图平移。

2.4.2　距离和面积的查询

在AutoCAD 2022中，用户可使用查询工具查询图形的距离、角度、面积以及点坐标等基本信息。

（1）查询距离

距离的查询是指两个点之间测量得到的最短长度值，这是最常见的查询方式，这里的距离不受图形比例的影响。在使用距离查询工具时，只需指定要查询距离的两个端点，系统将自动显示出两个点之间的距离。用户可以通过以下方法执行"距离"命令。

- 在菜单栏中执行"工具>查询>距离"命令。
- 在"默认"选项卡的"实用工具"面板中单击"距离"按钮 距离。
- 在命令窗口中输入"DIST"命令，然后按下回车键或空格键。

（2）面积查询

通过面积查询功能，可以对图形对象及所定义区域的面积和周长进行测量。用户可以通过下列方法实现面积的查询。

- 在菜单栏中执行"工具>查询>面积"命令。
- 在"默认"选项卡的"实用工具"面板中单击"面积"按钮。
- 在命令窗口中输入"AREA"命令，然后按下回车键或空格键。

知识延伸：自定义线型

在创建图层时，如果没有我们需要的线型，也可以自定义线型，以满足不同的需要。下面对绘制自定义线型进行讲解。

步骤 01 在"加载或重载线型"对话框中单击"文件"按钮，如下左图所示。

步骤 02 在弹出的"选择线型文件"对话框中，选择其中一个线型文件，如下右图所示。

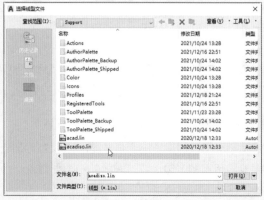

步骤 03 以记事本形式打开线型文件，然后自定线型，如下左图所示。

步骤 04 再次打开"加载或重载线型"对话框，在"可用线型"区域选择自定义的线型并加载，如下右图所示。

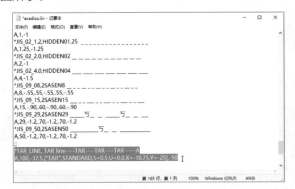
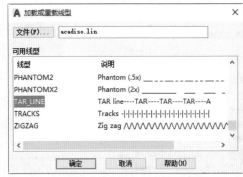

上机实训：创建并编辑图层

在学习了本章知识后，下面以打开图形文件为例，对AutoCAD 2022的绘制操作界面进行相应的修改，以下是详细讲解。

扫码看视频

步骤 01 在打开AutoCAD 2022软件并创建图形文件后，打开"图层特性管理器"选项面板，此时的默认图层为"0图层"，单击"新建图层"按钮或者按"Alt+N"组合键，如下左图所示。

步骤 02 新建一个图层，将其命名为"中心线"，如下右图所示。

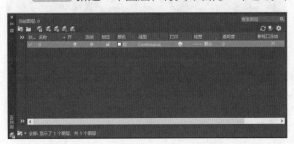
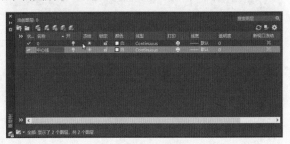

步骤 03 单击"颜色"按钮，这里将当前图层的颜色变更为红色，并单击"确定"按钮，如下左图所示。

步骤 04 单击"线型"按钮，在弹出的"选择线型"对话框中可以看到当前仅有一种默认的线型，如下右图所示。

步骤 05 单击"加载"按钮，在弹出的"加载或重载线型"对话框中选择"DASHED"线型，单击"确定"按钮，如下左图所示。

步骤 06 接下来会自动切换到"选择线型"对话框，这里可以看到刚刚选择的"DASHED"线型已经被加载，单击"确定"按钮，如下右图所示。

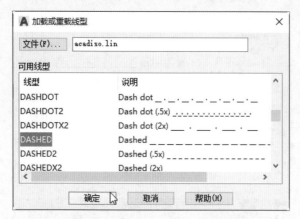

步骤 07 回到"图层特性管理器"选项面板，此时可以看到"中心线"图层已经设置完成，如下左图所示。

步骤 08 双击"中心线"图层左侧的图标，平行四边形的图标变为对号图标，表示该图层被置为当前图层，如下右图所示。

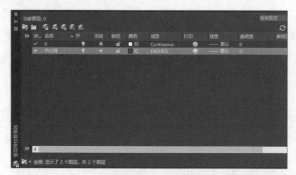
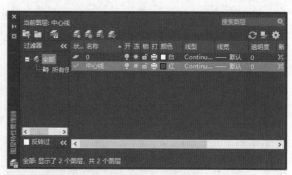

步骤 09 返回绘图区进行图形的绘制，可以看到绘制的线段效果，如下图所示。

课后练习

通过本章内容的学习，相信用户对在AutoCAD 2022中进行绘图环境的设置、图层的基础操作以及二维草图基础设置等内容有了一定的了解。下面再结合习题，进一步强化学习本章的相关知识。

一、选择题

（1）下面命令中可以进行图形界限设置的是（   ）。

     A. LIMITS   B. Astricts

     C. Restrict   D. 都不是

（2）当图层被冻结后，该图层（   ）。

     A. 不可见   B. 不可打印

     C. 不可重生成   D. 以上都是

（3）捕捉间距的设置必须勾选（   ）才能使用。

     A. PolarSnap(0)   B. 栅格捕捉

     C. 启用栅格   D. 自适应栅格

（4）可以使用（   ）命令查询图形对象的距离。

     A. PAN   B. DIST

     C. AREA   D. DSETTINGS

二、填空题

（1）"图层特性管理"选项面板分为_____和_____。

（2）在_____可以对极轴增量角进行设置。

三、上机题

（1）通过修改图层特性，改变图形的分色效果，如下左图所示。

（2）利用极轴追踪功能，绘制一个正十边形，如下右图所示。

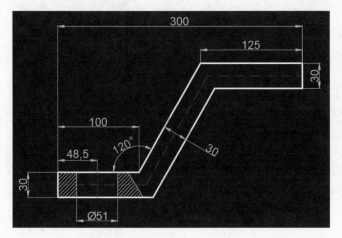

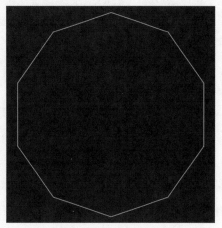

第3章 平面图形的绘制

本章概述

学习了图像的基本操作，本章将为读者介绍平面图形的绘制方法。平面图形除基础的点和线外，还包括矩形、圆形、圆弧、圆环及椭圆等，下面将对如何绘制这些基础图形进行讲解。

核心知识点

1. 绘制二维点
2. 绘制线段
3. 绘制矩形、圆形和椭圆
4. 填充图案

3.1 二维点的绘制

二维点是构成图形的基础，不论是简单的直线还是复杂的曲线，都是由无数个二维点构成的。点可以分为单个点和多个点，在绘制点之前需要对点的样式进行设置，下面将对如何设置点的样式和绘制二维点进行讲解。

3.1.1 点样式的基础设置

在未进行设置前，绘制的单点或多点仅仅显示为一个小圆点，用户可以在"点样式"对话框中对点的样式和点的大小进行设置。

用户可以通过以下几种方法打开"点样式"对话框。

- 在菜单栏中执行"格式＞点样式"命令。
- 在功能区的"默认"选项卡中，单击"实用工具"面板中的"点样式"按钮。
- 在命令窗口中输入"PTYPE"命令，然后按回车键或者空格键。

执行以上任一操作，即可打开"点样式"对话框，如右图所示。在对话框中可以通过选择不同的图标来选择所需的点样式，"点大小"参数可以对点的大小进行设置，根据需要可以选择"相对于屏幕设置大小"和"按绝对单位设置大小"两种模式。

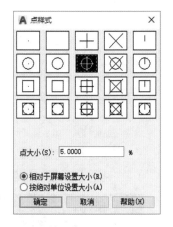

3.1.2 单点和多点的绘制

对"点样式"进行设置之后，就可以开始绘制单点和多点，下面将对如何绘制进行讲解。

（1）单点的绘制

绘制单点即一次仅能绘制一个点，在菜单栏中执行"绘图＞点＞单点"命令，或者在命令窗口中输入"POINT"命令，并按回车键或空格键，即可在绘图区域内任意位置绘制一个点。在命令窗口输入该点的坐标位置，可以在指定位置绘制点。

（2）多点的绘制

绘制多点即一次可以绘制多个点，在菜单栏中执行"绘图＞点＞多点"命令，或者在功能区的"默认"选项卡的"绘图"面板中单击"多点"按钮，即可在绘图区连续创建多点。想要结束绘制多点命令，可以按Esc键结束。

3.1.3 定数等分点的绘制

定数等分点即在指定的二维对象上沿着长度或周长按照指定数量等分绘制点或图块，这里的二维对象包括直线、圆形（弧）、椭圆（弧）。用户可以通过以下几种方法绘制定数等分点。

● 在功能区的"默认"选项卡中，单击"绘图"面板中的"定数等分"按钮 。
● 在菜单栏中执行"绘图>点>定数等分"命令。
● 在命令窗口中输入"DIVIDE"命令，并按回车键或空格键，即可开始绘制。

这里我们以下左图的样条曲线为例，任选上述一种方法，按照命令窗口提示选择样条曲线作为对象，输入分割数量为8，并按下回车键。这时可以看到样条曲线上已经出现了7个点，意味着此时这条样条曲线被等分为8份，如下右图所示。

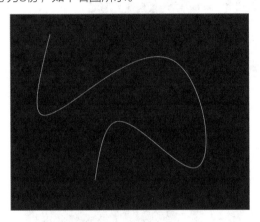
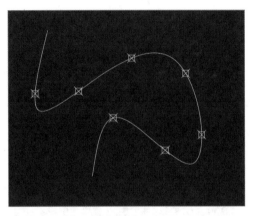

3.1.4 定距等分点的绘制

定距等分点即在指定的二维对象上沿着长度或周长按照指定距离等分绘制点或图块。用户可以通过以下几种方法绘制定距等分点。

● 在功能区的"默认"选项卡中，单击"绘图"面板中的"定距等分"按钮 。
● 在菜单栏中执行"绘图>点>定距等分"命令。
● 在命令窗口中输入"MEASURE"命令，并按回车键或空格键。

> **提示：定数/定距布置图块**
> 定数/定距等分点除了可以绘制等分点，还可以定数/定距布置图块，这和阵列功能类似。

根据要求输入等分线段的长度，如下左图所示。然后按回车键即可，效果如下右图所示。

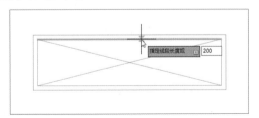
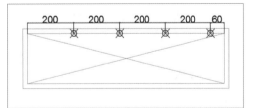

实战练习 使用"定距等分点"命令等分圆形

下面将讲解如何使用"定距等分点"命令等分圆形。通过本案例的学习，读者可以对如何设置点样式及绘制定距等分点有更进一步的了解。

步骤01 在创建新的图形文件后，在菜单栏中执行"格式＞点样式"命令，在打开的"点样式"对话框中对当前点样式进行设置，如下左图所示。

步骤02 接下来在菜单栏中执行"绘图＞圆形"命令，绘制一个直径为160mm的圆形，如下右图所示。

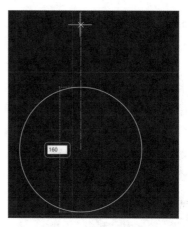

步骤03 在菜单栏中执行"绘图＞点＞定距等分"命令，并选择绘制的圆形，设置定距为20mm，如下左图所示。

步骤04 最后按下回车键，即可完成定距等分点的绘制，如下右图所示。

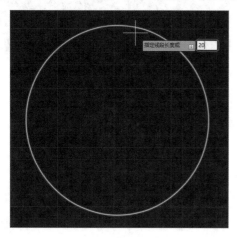
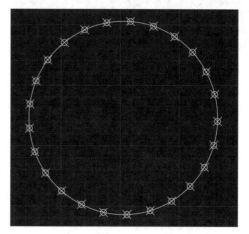

3.2 线的绘制

线段是AutoCAD图形中最基础的部分，不同长度、角度的线段构成了复杂的图形，在这之中包括了直线、射线、构造线、多段线等，下面将逐一进行讲解。

3.2.1 直线的绘制

直线是指以一点为起点，沿垂直方向、水平方向或任一角度方向，以另外一点为终点延伸的线段。直线是最基础，也是最常用的线段，用户可以通过以下几种方法绘制直线。

- 在功能区的"默认"选项卡中，单击"绘图"面板的"直线"按钮 。
- 在菜单栏中执行"绘图＞直线"命令。
- 在命令窗口中输入"LINE"命令，并按回车键或空格键。

3.2.2 射线的绘制

射线是指以一点为起点，沿垂直方向、水平方向或任一角度方向进行无限延伸的线段。射线一般与极轴追踪协同使用，常常作为辅助线。用户可以通过以下几种方法绘制射线。

- 在功能区的"默认"选项卡中，单击"绘图"面板的"射线"按钮 ⚡。
- 在菜单栏中执行"绘图>射线"命令。
- 在命令窗口中输入"RAY"命令，并按回车键或空格键。

3.2.3 构造线的绘制

构造线是以一点为中点，沿垂直方向、水平方向或任一角度方向，向两侧无限延伸的线段。和射线一样，构造线一般与极轴追踪协同使用，常常作为辅助线，用户可以通过以下几种方法绘制构造线。

- 在功能区的"默认"选项卡中，单击"绘图"面板的"构造线"按钮 ⚡。
- 在菜单栏中执行"绘图>构造线"命令。
- 在命令窗口中输入"XLINE"命令，并按回车键或空格键。

执行"构造线"命令后，根据命令行的提示指定线段的起始点和端点，即可创建出构造线，这两个点就是构造线上的点，命令行提示内容如下图所示。

```
✎ XLINE 指定点或 [水平(H) 垂直(V) 角度(A) 二等分(B) 偏移(O)]:
```

- **水平（H）**：绘制水平构造线。
- **垂直（V）**：绘制垂直构造线。
- **角度（A）**：通过指定角度创建构造线。
- **二等分（B）**：用来创建已知角的角平分线。需要指定等分角的顶点、起点和端点。
- **偏移（O）**：用来创建平行于另一条基线的构造线，需要指定偏移距离、选择基线以及指定构造线位于基线的哪一侧。

3.2.4 多段线的绘制

多段线也是比较重要的线段，它是连续的、有序的线段。多段线除了可以是连续的直线，也可以是连续的圆弧或者是连续的直线–圆弧段，我们还可以对多段线的线宽进行自定义。用户可以通过以下几种方法绘制多段线。

- 在功能区的"默认"选项卡中，单击"绘图"面板的"多段线"按钮。
- 在菜单栏中执行"绘图>多段线"命令。
- 在命令窗口中输入"PLINE"命令，并按回车键或空格键。

在执行上述任一操作方法后，根据命令窗口中的提示可以绘制多段线图形，如下图所示。

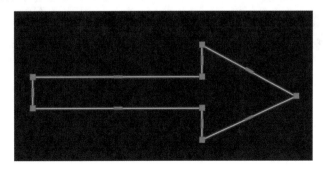

实战练习 **绘制多段线雨伞图形**

下面介绍应用"多段线"命令绘制雨伞图形的操作方法，具体步骤如下。

步骤 01 单击"默认"选项卡绘图面板中的"多段线"按钮，在绘图区指定多段线起点，在命令行输入"W"，指定多段线宽度，如下左图所示。

步骤 02 按回车键确认，在命令行输入多段线起点宽度为0，如下右图所示。

步骤 03 按回车键确认，根据命令行提示输入多段线端点宽度为500，如下左图所示。

步骤 04 按回车键确认，向下移动光标并输入@300<-90，如下右图所示。

步骤 05 按回车键确认，在命令行输入W并按回车键，然后在命令行输入多段线起点宽度为20，如下左图所示。

步骤 06 按回车键确认，根据命令行提示输入多段线端点宽度为20，如下右图所示。

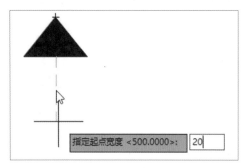
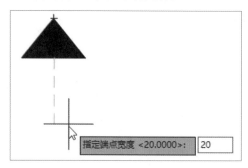

步骤 07 按回车键确认，向下移动光标，在命令行输入@400<-90，如下左图所示。

步骤 08 按回车键确认，然后在命令行输入命令"a"，如下右图所示。

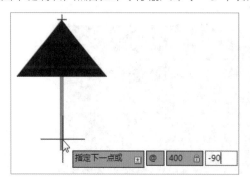
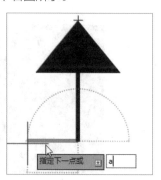

步骤 09 按回车键确认，在命令行输入@100<180，如下左图所示。

步骤 10 按回车键确认，即可完成多段线雨伞的绘制，如下右图所示。

3.2.5 修订云线的绘制

修订云线是由连续的圆弧组成的多段线，通常呈现云形，故名云线，一般用于标记图形的某个部分，可以在此添加批注或修订批语。用户可以通过以下几种方法绘制修订云线。

- 在功能区的"默认"选项卡中，单击"绘图"面板的"云线"下拉按钮，并在下拉列表中选择需要的样式。
- 在菜单栏中执行"绘图>修订云线"命令，并根据需要执行子菜单中的命令。
- 在命令窗口中输入"REVCLOUD"命令，并按回车键或空格键。

在使用上述任一方法绘制修订云线时，可以看到修订云线的绘制分为矩形、多边形和徒手画三种类型，其中，矩形和徒手画较为常用。

（1）矩形云线

在单击"云线"按钮后弹出的下拉菜单中，单击第一个"矩形"按钮，指定起点和终点，即可绘制矩形修订云线，如下左图所示。

（2）多边形云线

在单击"云线"按钮后弹出的下拉菜单中，单击第二个"矩形"按钮，指定起点和边，即可绘制多边形修订云线，如下中图所示。

（3）徒手画

在单击"云线"按钮后弹出的下拉菜单中，单击第三个"矩形"按钮，即可开始徒手绘制任意修订云线，如下右图所示。

 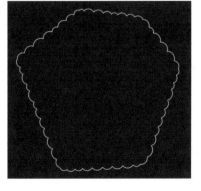 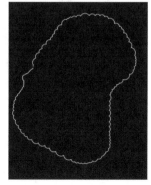

3.2.6 样条曲线的绘制

样条曲线是指通过一系列指定点的光滑曲线，来绘制不规则的曲线图形，样条曲线也是一种较为常用的线段。用户可以通过以下几种方法绘制样条曲线。

- 在功能区的"默认"选项卡中，单击"绘图"面板的"样条曲线"下拉按钮，并在下拉列表中选择需要的样式。
- 在菜单栏中执行"绘图>样条曲线"命令，并根据需要执行子菜单中的命令。
- 在命令窗口中输入"SPLINE"命令，并按回车键或空格键。

在使用上述任一方法绘制样条曲线时，可以选择的样式包括拟合点和控制点两种，两者可以相互转换进行查看，但是不可以在查看时进行编辑。

（1）拟合点

使用拟合点创建样条曲线时，生成的曲线必须通过指定的点，并受曲线中数学节点间距的影响。用户可以使用节点参数化选项选择这些节点的间距，如下左图所示。这是拟合点样条曲线。

（2）控制点

使用控制点创建样条曲线时，生成的曲线是不需要通过指定点的，通过拖拽控制点可以更改曲线的形状及方向，如下右图所示。这是控制点样条曲线。

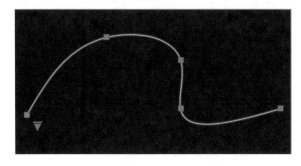 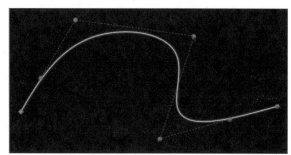

3.2.7 多线的绘制

多线常见于建筑平面图的绘制，是由两条及两条以上的等长平行线组成的，平行线的数量及间距是可以进行设置的，用户可以通过以下几种方法绘制多线。

- 在菜单栏中执行"绘图>多线"命令。
- 在命令窗口中输入"ML"命令，并按回车键或空格键。

在使用上述任一方法操作后，根据命令窗口中的提示选择多线的样式或比例，设置"比例"为5，接下来即可绘制多线，如下页左上图所示。

针对绘制完成的多线，用户可以根据需要进行编辑。一般可以通过编辑多线不同交点方式来修改多线，或者将其"分解"后利用"修剪"命令进行编辑。

用户可以通过以下几种方法启用编辑多线命令。

- 在菜单栏中执行"修改>对象>多线"命令。
- 在命令窗口输入"MLEDIT"命令，并按下回车键。
- 在绘图区双击要编辑的多线对象。

执行上述任一方法即可弹出"多线编辑工具"对话框，用户可以在"多线编辑工具"选项组中进行设置，如下页右上图所示。

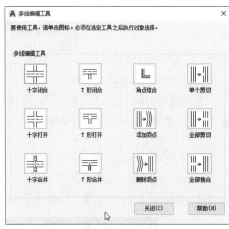

3.3　矩形和正多边形的绘制

矩形和正多边形都是非常常见的二维图形，这一节将对如何绘制矩形和正多边形进行详细讲解。

3.3.1　矩形的绘制

矩形是最常见的二维图形，同时矩形命令也是AutoCAD中最常用的绘图命令之一，用户可以通过以下几种方法绘制矩形。

- 在功能区的"默认"选项卡中，单击"绘图"面板的"矩形"按钮□。
- 在菜单栏中执行"绘图>矩形"命令。
- 在命令窗口中输入"RECTANG"命令，并按回车键或空格键。

在使用上述任一方法操作后，根据命令窗口中的提示指定矩形的一个顶点和它的对角点，即可绘制矩形，效果如右图所示。

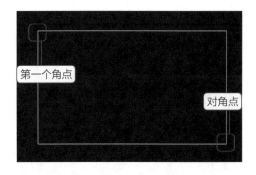

提示：设置的各选项值将成为默认值

在绘制矩形时设置的"倒角""圆角""厚度""标高"等选项值将成为默认值。若不需要，则要将其设置为0。

3.3.2　正多边形的绘制

正多边形是一种特殊的等边闭合多段线，它的各边和各角都是相等的，用户可以通过执行"多边形"命令来进行正多边形的绘制，常见的调用"多边形"命令的方法有以下几种。

- 在功能区的"默认"选项卡中，单击"绘图"面板的"多边形"按钮⬡。
- 在菜单栏中执行"绘图>多边形"命令。
- 在命令窗口中输入"POLYGON"命令，并按回车键或空格键。

在使用上述任一方法操作后，根据命令窗口中的提示进行下一步操作，如下页图所示。在输入正多边形的侧面数并确定正多边形的中心点后，我们可以看到三种绘制正多边形的方法，下面将逐一进行讲解。

（1）内接于圆的正多边形

下左图是内接于圆的正多边形，该正多边形的中心与圆心重合，同时它的所有边都与圆相接，在选择该方法绘制时需要在命令窗口中指定圆的半径。

（2）外接于圆的正多边形

下右图是外接于圆的正多边形，该正多边形的中心与圆心重合，同时它的所有边都与圆相切，在选择该方法绘制时需要在命令窗口中指定圆的半径。

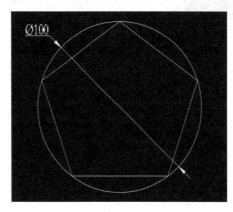 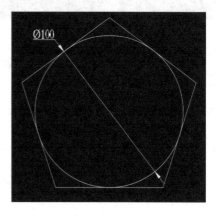

（3）由边长确定的正多边形

这种方法不在命令窗口中指定内/外接圆的半径，而是直接在绘图窗口指定端点绘制正多边形。

3.4　圆、圆弧和圆环的绘制

在绘图过程中，圆、圆弧和圆环都是非常常见的二维图形，这一节将对如何绘制圆、圆弧和圆环进行详细讲解。

3.4.1　圆形的绘制

"圆形"是AutoCAD中最常用的绘图命令之一，用户可以通过以下几种方法调用该命令进行圆形的绘制。

- 在功能区的"默认"选项卡中，单击"绘图"面板的下拉按钮，并在下拉列表中单击所需的圆形绘制按钮。
- 在菜单栏中执行"绘图>圆形"命令，并根据需要，执行子菜单中的命令。
- 在命令窗口中输入"CIRCLE"命令，并按回车键或空格键。

在使用上述任一方法操作后，根据命令窗口中的提示进行下一步操作，如下图所示。我们可以看到多种绘制圆形的方法，下面将逐一进行讲解。

命令：_circle
CIRCLE 指定圆的圆心或 [三点(3P) 两点(2P) 切点、切点、半径(T)]：

（1）以圆心、半径/直径方法绘制圆形

这种方法是默认的也是最为常用的绘制方法，在绘图区域指定圆心后，根据提示输入半径（R）或直径（D）即可，如下左图所示。

（2）以三点/两点方法绘制圆形

以3点方法绘制圆形是指在绘图区域中指定圆弧的3点来确定圆形的圆心和大小。以两点方法绘制圆形是指在指定一点作为端点后，选取直径的另一个端点来确定圆形的圆心和大小。

这里以三点绘制圆形为例，如下右图所示。

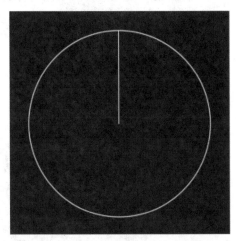 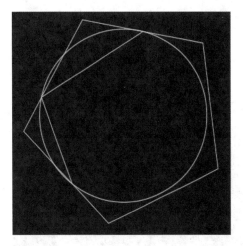

（3）以切点、切点、半径/切点方法绘制圆形

在使用该方法绘制圆形时，先指定圆形与其他二维对象比如直线、圆形的两个切点，并指定圆形的半径，即可绘制对应的圆形。执行"相切、相切、半径"后，命令行的提示信息系统会提示指定圆的第1条切线上的点和第2条切线上的点以及圆的半径，如下左图所示。第二种方法是分别指定3个切点，即可绘制圆形，如下右图所示。

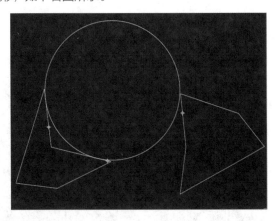 

实战练习 绘制方形法兰

下面介绍使用"矩形"命令和"圆形"命令绘制法兰图形。通过本案例的学习，使用户能熟练使用"矩形"命令和"圆形"命令进行图形的绘制。

步骤 01 在打开素材文件后，选择"外轮廓线"图层为当前图层，如下页左上图所示。

步骤 02 执行"矩形"命令，绘制一个500×500的矩形，如下页右上图所示。

 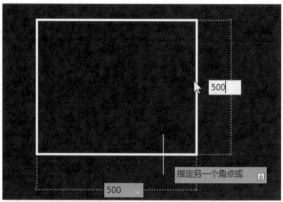

步骤 03 矩形绘制完成之后，选择"中心线"图层为当前图层，并执行"直线"命令，绘制两条中心线，如下左图所示。

步骤 04 在菜单栏中执行"修改>偏移"命令，将两条中心线分别向两侧偏移200，如下右图所示。

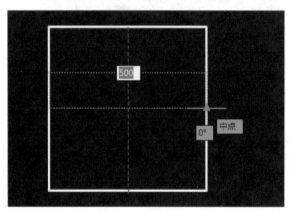 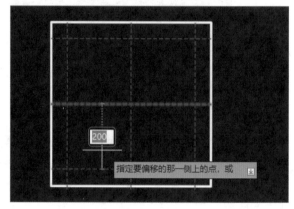

步骤 05 接下来再次将"外轮廓线"图层设为当前图层，并执行"圆"命令，绘制半径为160的中心圆，如下左图所示。

步骤 06 绘制完成后，再次执行"圆"命令，绘制法兰安装圆孔，如下右图所示。

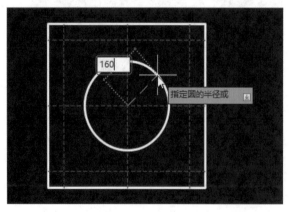 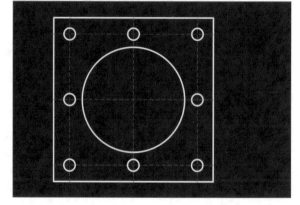

3.4.2 圆弧的绘制

圆弧是圆形的一部分，"圆弧"也是AutoCAD中最常用的绘图命令之一。用户可以通过以下几种方法绘制圆弧。

- 在功能区的"默认"选项卡中，单击"绘图"面板的"圆弧"下拉按钮，并在下拉菜单中单击所需的按钮。
- 在菜单栏中执行"绘图>圆弧"命令，并根据需要执行子菜单中的命令。
- 在命令窗口中输入"ARC"命令，并按回车键或空格键。

在使用上述任一方法操作后，可以看到多种绘制圆弧的方法，如右图所示。下面将对这几种绘制圆弧的方法逐一进行讲解。

（1）以三点方法绘制圆弧

通过指定3个点来创建一条圆弧曲线。其中第一个点为圆弧的起点，第二个点为圆弧上的点，第三个点为圆弧的端点。

（2）以起点、圆心、端点/角度/长度方法绘制圆弧

这3种绘制圆弧的方法都是需要先指定圆弧的起点和圆心，接下来的操作区别便在于：第一种需要指定端点作为圆弧的终点；第二种需要输入角度；第三种需要输入长度作为圆弧的弧长。

（3）以起点、端点、角度/方向/半径方法绘制圆弧

这3种绘制圆弧的方法都是需要先指定圆弧的起点和端点，接下来的操作区别便在于：第一种需要输入角度；第二种需要指定圆弧起点的相切方向；第三种需要指定圆弧的半径。

（4）以圆心、起点、端点/角度/长度方法绘制圆弧

这3种绘制圆弧的方法都是需要先指定圆弧的圆心和起点，接下来的操作区别便在于：第一种需要指定端点作为圆弧的终点；第二种需要输入角度；第三种需要输入长度作为圆弧的弧长。

（5）以连续方法绘制圆形

在使用该方法绘制圆形时，需要先指定圆形与其他二维对象比如直线、圆形的两个切点，并指定圆形的半径，即可绘制对应的圆形。

提示：输入角度和长度时注意事项

在输入角度值时，若当前环境设置的角度方向为逆时针方向，且输入的角度值为正，则从起始点绕圆心沿逆时针方向绘制圆弧；若输入的角度值为负，则沿顺时针方向绘制圆弧。

在输入长度值时，指定的弧长不能超过起点到圆心距离的两倍。如果弧长的值为负值，则该值的绝对值将作为对应整圆的空缺部分圆弧的弧长。

3.4.3 圆环的绘制

"圆环"也是AutoCAD中常用的绘图命令之一，用户可以通过以下几种方法绘制圆环。

- 在功能区"默认"选项卡中，单击"绘图"面板的"圆环"按钮 。
- 在菜单栏中执行"绘图>圆环"命令。
- 在命令窗口中输入"DOUNT"命令，并按回车键或空格键。

在使用上述任一方法操作后，根据命令窗口中的提示进行下一步操作，分别指定圆环的内径和外径后，在绘图区域指定圆心即可，如右图所示。

3.5 椭圆和椭圆弧的绘制

椭圆曲线有长半轴和短半轴之分，长半轴与短半轴的值决定了椭圆曲线的形状。设置椭圆的起始角度和终止角度可以绘制椭圆弧。

3.5.1 椭圆的绘制

"椭圆"也是AutoCAD中常用的绘图命令，用户可以通过以下几种方法绘制椭圆。

- 在功能区的"默认"选项卡中，单击"绘图"面板的"椭圆"下拉按钮，根据需要选择"圆心"按钮⊙或"轴、端点"按钮◌。
- 在菜单栏中执行"绘图>椭圆>圆心/轴、端点"命令。
- 在命令窗口中输入"ELLIPSE"命令，并按回车键或空格键。

在使用上述任一方法操作后，根据命令窗口中的提示进行下一步操作，下面将分别对两种绘制椭圆的方式进行讲解。

（1）以圆心方法绘制椭圆

以圆心方法绘制椭圆需要先确定一个中心点，接下来分别指定长轴的半径和短轴的半径，即可绘制椭圆，如下左图所示。

（2）以轴、端点方法绘制圆形

以轴、端点方法绘制椭圆需要先指定长轴（短轴）的两个端点，接下来指定短轴（长轴）的一个端点，即可绘制椭圆，如下右图所示。

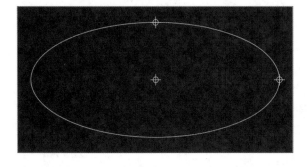 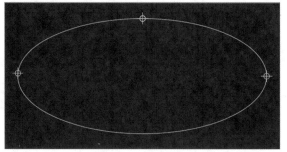

3.5.2 椭圆弧的绘制

椭圆的部分弧线便是椭圆弧，分别指定椭圆弧的起始角和终止角，即可绘制椭圆弧，用户可以通过以下方法执行"椭圆弧"命令。

- 在功能区的"默认"选项卡中，单击"绘图"面板的"椭圆弧"按钮◌。
- 在菜单栏中执行"绘图>椭圆弧"命令。
- 在命令窗口中输入"DOUNT"命令，并按回车键或空格键。

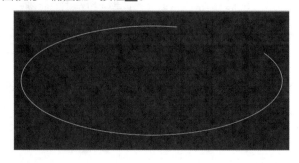

在使用上述任一方法操作后，根据命令窗口中的提示进行下一步操作，在绘制一个椭圆后分别指定椭圆弧的起始角和终止角即可，如右图所示。

3.6 图形的填充

图形图案的填充是指使用图案填充、实体填充或渐变填充来对封闭区域或选定对象进行填充，这样可以清晰地表达出指定区域的外观纹理，以增加所绘图形的可读性。用户可以在"图案填充编辑器"选项卡中进行图形填充设置，还可以在"图案填充编辑"对话框中对填充的图案进行编辑，如下图所示。

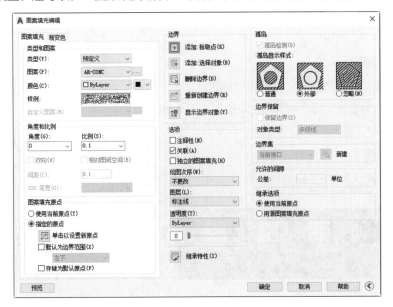

3.6.1 图形填充的创建

首先需要讲解的是如何创建图形的填充，这里以较为常用的图案填充为例，用户可以通过下列方法执行"图案填充"命令。

- 在功能区的"默认"选项卡中，单击"绘图"面板中的"图案填充"按钮▦。
- 在菜单栏中执行"绘图>图案填充"命令。
- 在命令窗口中输入"HATCH"命令，并按回车键或空格键。

在使用上述任一方法操作后，系统将自动弹出"图案填充编辑器"功能区选项卡，如下图所示。用户可以直接在该功能区选项卡中对图案填充的边界、图案、特性以及其他属性进行设置。

3.6.2 "图案填充编辑器"功能区选项卡

打开"图案填充编辑器"功能区选项卡后，可根据需要对相关参数进行设置，下面将对各选项面板的功能进行详细讲解。

（1）"边界"面板

在"边界"面板中可以对图案填充的边界点或边界线段进行设定，也可以通过对边界进行删除或重新创建等操作来改变区域图案填充的效果。

① **拾取点**　　单击"拾取点"按钮，可根据围绕指定点构成封闭区域的现有图形对象来确定边界。

② **选择**　　单击"选择"按钮，可根据构成封闭区域的选定对象来对确定边界。在使用该按钮时，"图案填充"命令不会自动检测内部对象，必须选择选定边界内的对象，以按照当前孤岛检测样式填充这些对象。每次单击选择对象时，图案填充命令将清除上一选择集。

③ **删除**　　单击"删除"按钮，可以从边界定义中删除之前添加的任何对象。

④ **重新创建**　　单击"重新创建"按钮，可根据选定的图案填充的外边缘创建多段线或面域，并使其与图案对象相关联。

（2）"图案"面板

这里显示了所有预定义和自定义图案的预览图像，在"图案"选项面板中单击其下拉按钮，如下左图所示。在打开的下拉列表中，选择所需的图案类型，如下右图所示。

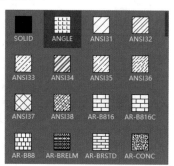

（3）"特性"面板

在对图案填充的边界以及图案类型进行设定之后，接下来需要对图案填充的特性进行设置。这里主要是在"特性"面板中进行设置，用户可根据需要对填充类型、填充颜色、填充角度以及填充比例等进行设置。下面将对"特性"面板中常见的选项进行讲解。

① **图案填充类型**　　可以对图案填充的类型进行设置，包括实体填充、渐变填充、图案填充以及创建用户自定义填充。

② **填充透明度**　　在这里可以对新图案填充或填充的透明度进行设置，以替代当前填充图案的透明度。

③ **图案填充颜色**　　在这里可以对图案填充的颜色进行设置。

④ **填充角度**　　在这里可以对图案填充的角度进行设置，有效值为0到359。

⑤ **填充比例**　　在这里可以对图案填充的比例值进行设置，默认比例为1。用户可以在该数值框中输入相应的比例值，来对填充的图案进行放大或缩小。只有将"图案填充类型"设定为"图案"时，此选项才可用。

（4）"原点"面板

在这里可以对填充图案生成的起始位置进行设置。默认情况下，所有的图案填充原点都对应于当前的UCS原点，但是某些图案（例如砖块图案）在填充时，需要与图案填充边界上的一点对齐。

（5）"选项"面板

在这里可以对几个常用的图案填充或填充选项进行设置，比如选择是否自动更新图案、自动视口大小调整填充比例值，以及填充图案属性的设置等，下面将对"选项"面板中主要的选项进行讲解。

① **关联**　　在这里可以将指定图案填充设置为关联图案填充，关联的图案填充在用户修改其边界对象时将会更新。

② **注释性**　　在这里可以将指定图案填充设置为注释性，此特性会根据视口比例自动调整填充图案的比例。

3.6.3　编辑填充图案

在对图形添加图案填充后，如果觉得效果不满意，可通过图案填充编辑命令，对其进行进一步修改和编辑。用户可通过以下方法执行图案填充编辑命令。

● 执行"修改>对象>图案填充"命令。

● 在命令窗口中输入"HATCHEDIT"命令，然后按回车键。

执行以上任意一种操作后，选择需要编辑的图案填充对象，将弹出"图案填充编辑"对话框，如下图所示。在该对话框中，用户可以根据需要进行相应的修改。

实战练习　绘制局部剖面视图

下面介绍使用"直线"命令、"圆形"命令以及"填充"命令绘制局部剖面视图的实操步骤。通过本案例的学习，使用户能熟练使用"填充"命令。

步骤 01 打开素材文件后，选择"粗实线层"图层为当前图层，如下左图所示。

步骤 02 使用"直线"命令，在主视图绘制局部剖面视图的分割线，如下右图所示。

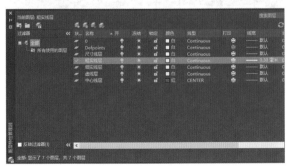
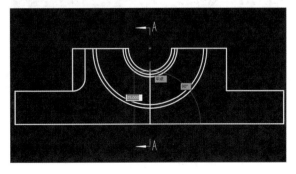

步骤 03 将"中心线层"图层设为当前图层，并根据主视图和俯视图的视图关系绘制参考线，如下左图所示。

步骤 04 接下来，需要根据主视图和侧视图的视图关系绘制参考线，如下右图所示。

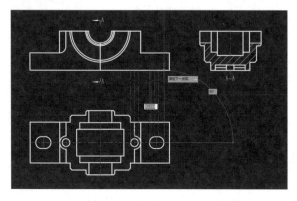 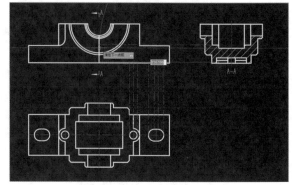

步骤 05 再次将"粗实线层"图层设为当前图层，根据主视图和俯视图的参考线绘制粗实线，并删除参考线，如下左图所示。

步骤 06 根据主视图和侧视图的参考线绘制粗实线，并删除参考线，如下右图所示。

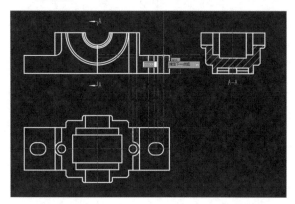 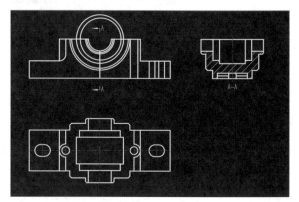

步骤 07 使用"裁剪"命令和"删除"命令，删除多余的线段，如下左图所示。

步骤 08 将"细实线层"图层设为当前图层，并对剖面部分执行"填充图案"命令，如下右图所示。

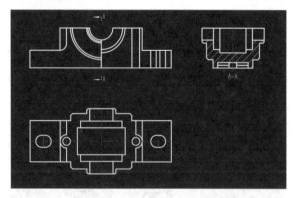 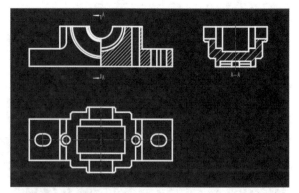

3.6.4 渐变色填充

在AutoCAD软件中，除了可以对图形进行图案填充，也可以对图形进行渐变色填充。用户可以通过以下方式调用"渐变色"命令。

● 在命令窗口中输入 "GRADIENT/GD" 命令，并按下回车键。

● 菜单栏中执行 "绘图>渐变色" 命令，如下左图所示。

● 在 "默认" 选项卡下，单击 "绘图" 面板中的 "渐变色" 工具按钮 。

● 单击 "绘图" 工具栏中的 "渐变色" 按钮 。

执行上述任意一种操作启动 "渐变色" 命令，打开 "图案填充和渐变色" 对话框，用户可以根据需要设置渐变色的颜色类型、填充样式以及其他选项，如下右图所示。

 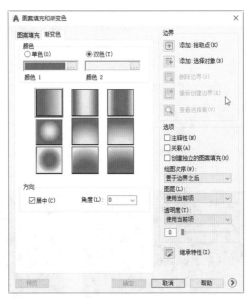

下左图为绘制的衣柜图形，在 "图案填充和渐变色" 对话框的 "渐变色" 选项卡中设置两种颜色以及渐变方式，然后在 "边界" 选项区域中添加拾取点，填充渐变色的效果如下右图所示。

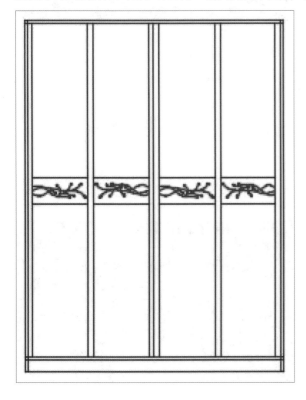 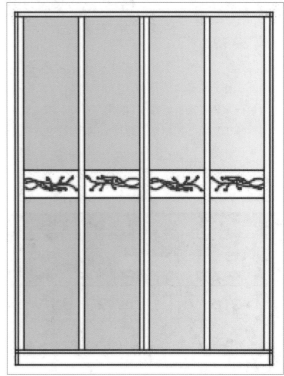

知识延伸：绘制倒角与圆角矩形

在绘制矩形时，除了可以通过"倒角"命令和"圆角"命令为矩形进行倒角及圆角外，还可以在绘制的时候，直接设定矩形的倒角及圆角。

（1）倒角

"倒角"命令是以直线或者角度的方式对图形进行倒角。倒角距离是所要执行倒角的直线与倒角线之间的距离，常用的执行"倒角"命令的操作方法有以下几种。

- 在菜单栏执行"修改>倒角"命令。
- 单击功能区"默认"选项卡的修改面板中的"倒角"按钮 ⬜。
- 在命令窗口输入"CHAMFER"/"CHA"命令，即可启动"倒角"命令。

执行以上任一操作，在命令行中输入"A"并按回车键，命令窗口提示"指定第一条直线的倒角长度为60"，如下左图所示。接着提示第一条直线的倒角角度，最后再根据提示选择第一条和第二条直线，完成倒角，效果如下右图所示。

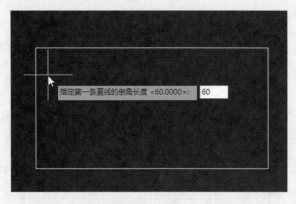
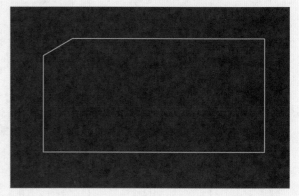

（2）圆角

"圆角"命令与"倒角"命令相似，不同点在于圆角命令是利用圆弧进行过渡，常用的执行"圆角"命令的操作方法有以下几种。

- 在菜单栏执行"修改>圆角"命令。
- 单击功能区"默认"选项卡的修改面板中的"圆角"按钮 ⬜。
- 在命令窗口输入"FILLET/F"命令，即可调用"圆角"命令。

执行以上任一操作，在命令行输入"R"并按回车键，根据命令行提示指定圆角半径值为50，如下左图所示。分别选择第一个对象和第二个对象，完成圆角操作，如下右图所示。

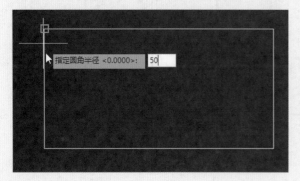

上机实训：绘制办公桌椅

学习本章知识后，这里将以绘制办公桌椅图形为例，让用户可以更进一步了解"圆弧"命令、"圆"命令、"矩形"命令等操作命令的使用方法，以下是详细讲解。

扫码看视频

步骤 01 创建图形文件后，首先使用"圆弧"命令和"偏移"命令绘制两个圆弧，如下左图所示。

步骤 02 接下来执行"圆"命令，使用两点绘制圆，绘制两个圆形，如下右图所示。

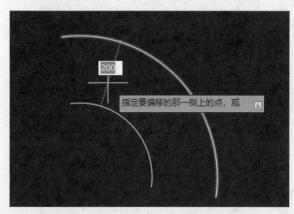 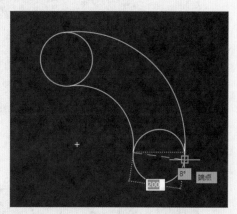

步骤 03 使用"裁剪"命令裁剪多余的部分，并使用"偏移"命令进行偏移，如下左图所示。

步骤 04 使用"矩形"命令，绘制4个圆角矩形，分别作为椅子的主体、扶手及靠枕，如下右图所示。

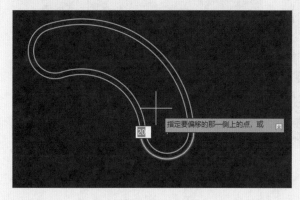 

步骤 05 使用"直线"命令和"镜像"命令，绘制椅子主体和扶手的连接部分，如下左图所示。

步骤 06 使用"直线"命令和"定数等分"命令，绘制椅子主体和靠枕的连接部分，如下右图所示。

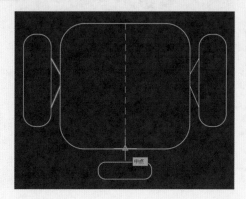 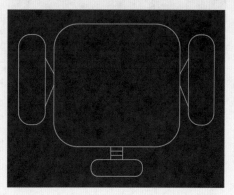

步骤07 使用"旋转"命令，将椅子整体旋转55°，并使用"移动"命令将其移动到合适的位置，如下左图所示。

步骤08 接下来使用"圆形"命令，绘制两个同心圆，如下右图所示。

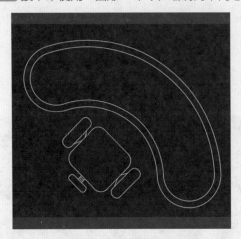 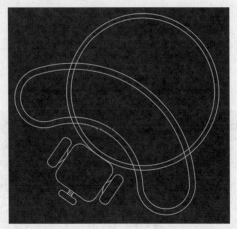

步骤09 使用"裁剪"命令，将多余的部分裁去，如下左图所示。

步骤10 使用"图案填充"命令，对地毯部分进行图案填充，如下右图所示。

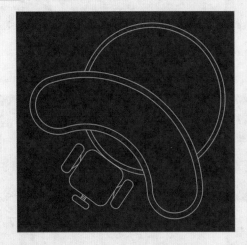 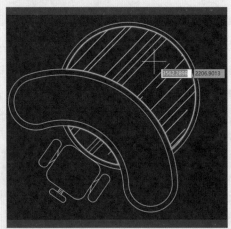

步骤11 再次使用"图案填充"命令，对椅子部分进行图案填充，如下左图所示。

步骤12 最后将素材文件中办公用品图块插入，完成办公桌椅的绘制，如下右图所示。

课后练习

本章对于简单图形的绘制方法进行了介绍，通过本章内容的学习，读者可以掌握基本二维图形的绘制方法。下面通过一些课后练习题进一步巩固本章知识。

一、选择题

（1）除了可以定数/定距等分点，还可以对（　　）进行定数/定距等分。

    A. 直线　　　　　　　　　　　　　　　B. 矩形

    C. 椭圆　　　　　　　　　　　　　　　D. 图块

（2）多段线可以是（　　）。

    A. 连续的直线　　　　　　　　　　　　B. 连续的圆弧

    C. 连续的直线-圆弧段　　　　　　　　 D. 以上都是

（3）修订云线的绘制方法不包括（　　）。

    A. 矩形云线　　　　　　　　　　　　　B. 圆形云线

    C. 多边形云线　　　　　　　　　　　　D. 徒手画云线

二、填空题

（1）点的大小包括_____和_____两种模式。

（2）"多段线"的组合键是_____。

三、上机题

（1）利用控制点"样条曲线"命令和"圆弧"命令等绘制水族箱图形，如下左图所示。

（2）利用"矩形""圆弧"等命令绘制餐桌、餐椅的图形，如下右图所示。

 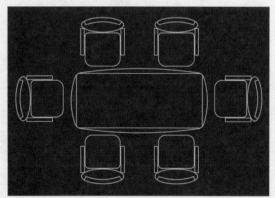

ⒶＡ 第4章 编辑二维图形

本章概述

要想绘制出复杂的二维图形，除了需要掌握基础的平面图形绘制方法，还需要熟练使用各种二维图形的编辑和修改命令。这一章将对如何编辑和修改二维图形进行详细讲解。

核心知识点

❶ 图形文件的快速选择
❷ 二维图形的编辑和修改
❸ 多段线和多线的编辑和修改
❹ 样条曲线的编辑和修改

4.1　目标对象的选择

在编辑图形之前，要先对目标对象即图形进行选择。在AutoCAD中，用高亮虚线表示所选择的目标对象，如果选择多个目标对象，那么这些目标对象便构成了选择集，选择集包含单个对象也包含多个对象。下面将对如何进行目标对象的选择进行详细讲解。

4.1.1　"选项集"选项卡

在目标对象选择之前，需要在"选项集"选项卡中根据需要进行相应的设置。在这之前我们已经讲过如何打开"选项"对话框，我们任选一种方法打开"选项"对话框之后选择"选择集"选项卡，如下图所示。下面将对"选择集"选项卡中的常用选项进行详细讲解。

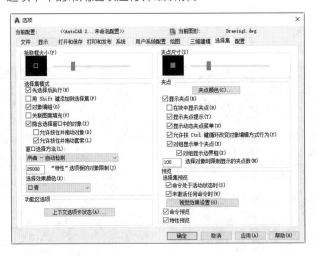

- **拾取框大小**：在这里可以对拾取框的大小进行设置。
- **选择集模式**：在这里可以对控制与对象选择的方法进行设置。
- **夹点尺寸**：在这里可以对夹点框的大小进行设置。
- **夹点**：在这里可以对夹点的颜色以及夹点的显示选项进行设置。

4.1.2　目标对象的选择

在完成"选择集"选项卡下的相关设置之后，即可开始学习如何选择目标对象。常见的选择方法包括直接选择、使用矩形区域选择、使用不规则区域选择以及其他选择方法，下面将逐一进行讲解。

（1）直接选择目标对象

第一种目标对象的选择方法是在命令窗口中输入"SELECT"命令，并按回车键或空格键。这时可以看到光标变成了拾取框，接下来单击选择对象，可以选取单个对象或多个对象。

（2）使用矩形区域选择目标对象

使用矩形区域框选目标对象是最为常用的选择方法，这里包括"窗口"方式和"窗交"方式，下面将对这两种选择方式进行详细讲解。

①"窗口"方式选择目标对象　　在绘图窗口中选择第一个对角点，单击鼠标左键，松开左键，从左向右移动鼠标显示出一个实线矩形框，如下左图所示。选中第二个对角点后，再次单击鼠标左键，可以选择完全包围在这个矩形框内的目标对象，如下右图所示。

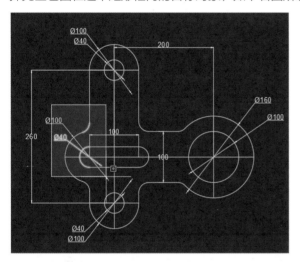 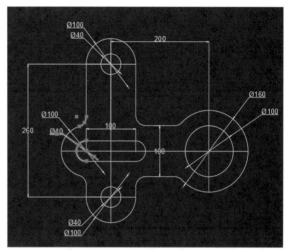

②"窗交"方式选择图形　　在绘图窗口中选择第一个对角点，单击鼠标左键，松开左键，从右向左移动鼠标显示出一个虚线矩形框，如下左图所示。选中第二个对角点后，再次单击鼠标左键，可以选择完全包围在这个矩形框内的对象和与这个矩形框相交的目标对象，如下右图所示。

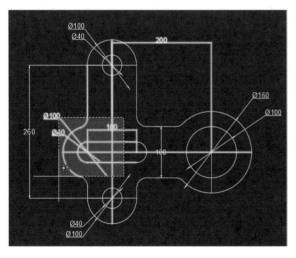 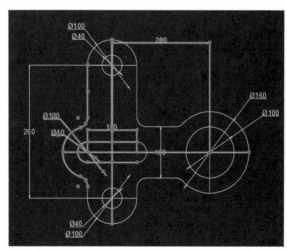

（3）使用不规则区域选择目标对象

使用不规则区域选择目标对象即使用套索选择目标对象，在使用时，按住鼠标左键并进行拖拽。当前在使用不规则区域选择目标时，也可以按住空格键切换为其他选择模式。

（4）使用其他方式选择目标对象

除了上述几种选择方法，还可在命令行中输入"SELECT"命令，按回车键，然后输入"？"并按回车键，根据命令行提示选择其他选项即可，如下图所示。

```
命令: SELECT
选择对象: ?
*无效选择*
需要点或 窗口(W)/上一个(L)/窗交(C)/框(BOX)/全部(ALL)/栏选(F)/圈围(WP)/圈交(CP)/编组(G)/添加(A)/删除(R)/多个(M)/前一个(P)/放弃(U)/自动
(AU)/单个(SI)/子对象(SU)/对象(O)
```

4.1.3 目标对象的快速选择

当图形文件过大且图形中图元复杂时，如果需要选择某些特性一致的图元对象，可通过在"快速选择"对话框中进行设置，根据图形对象的图层、颜色、图案填充等特性和类型来创建选择集。用户可以通过以下方式打开"快速选择"对话框。

- 在"默认"选项卡的"实用工具"面板中单击"快速选择"按钮 。
- 在菜单栏中执行"工具>快速选择"命令。
- 在命令窗口中输入"QSELECT"命令，并按回车键或空格键。
- 在绘图窗口中，用十字光标选择任一图形文件，右击并在弹出的快捷菜单中执行"特性"命令，在"特性"对话框中单击"快速选择"按钮。

执行以上任意一种操作，即可打开"快速选择"对话框，如下左图所示。下面将对"快速选择"对话框中的各主要功能进行详细讲解。

- **应用到：** 将过滤条件应用到整个图形或当前选择集（如果存在）。如果勾选了"附加到当前选择集"复选框，过滤条件将应用到整个图形。
- **选择对象：** 单击"应用到"选项右侧的"选择对象"按钮 ，可以临时关闭"快速选择"对话框，这时可以对需要进行快速选择的选项集进行框选。
- **对象类型：** 可以选择作为过滤条件的图元对象，这里会显示框选对象包含的所有图元的类型，如下中图所示。
- **特性：** 可以对对象类型的可用特性进行进一步过滤。
- **运算符：** 根据选定的特性，这里的选项包括"等于""不等于"和"全部选择"等，如下右图所示。当选择"全部选择"选项，将忽略所有特性过滤器。
- **值：** 在这里可以根据选择的对象类型、特性以及运算符来确定最终的过滤条件。
- **如何应用：** 在这里有两个单选按钮，包括"包括在新选择集中"和"排除在新选择集之外"，两者的区别在于将符合给定过滤条件的对象包括在新选择集内还是排除在新选择集之外。

 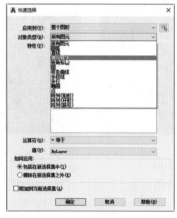 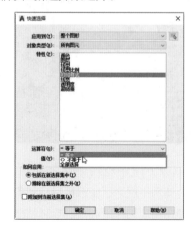

4.2 二维图形的编辑和修改

这一节主要讲解二维图形的编辑和修改，包括图形的移动、复制、旋转、镜像等。这一节对于如何绘制出复杂的图形非常重要。下面将对常见的二维图形编辑和修改命令进行逐一讲解。

4.2.1 图形的移动

利用图形的移动功能可以将图形移动到其他位置，而不改变图形的属性、大小和方向，这是AutoCAD中最基础也最常用的编辑功能，用户可以通过以下几种方法实现图形的移动。

- 在功能区的"默认"选项卡中单击"修改"面板中的"移动"按钮✛。
- 在菜单栏中执行"修改>直线"命令。
- 在命令窗口中输入"MOVE"命令，并按回车键或空格键。

使用上述任一方法操作后，根据命令窗口中的提示进行下一步操作。选择下左图中需要进行移动的图形对象并选择移动基点。将需要移动的图形对象移动到指定位置后单击鼠标左键，即可完成图形的移动，如下右图所示。

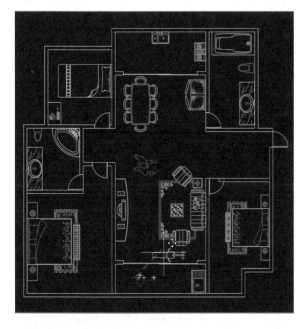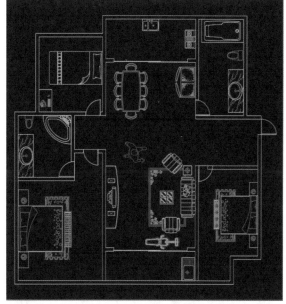

4.2.2 图形的复制

复制对象是生成需要复制的图形对象的副本，并将副本移动到指定的位置。当需要绘制若干个相同或相近的图形对象时，可以使用"复制"命令在短时间内快捷地完成绘制工作，免去了以往手工绘图中的大量重复劳动。用户可以通过以下几种方法调用图形的复制命令。

- 在功能区的"默认"选项卡中，单击"修改"面板中的"复制"按钮。
- 在菜单栏中执行"修改>复制"命令。
- 在命令窗口中输入"COPY"命令，并按回车键或空格键。

在使用上述任一方法操作后，根据命令窗口中的提示进行下一步操作。选择下页左上图中需要进行复制的图形对象并选择复制基点。将需要复制的图形对象移动到指定位置后，单击鼠标左键，即可完成图形的移动，如下页右上图所示。此时按Esc键即可完成复制。

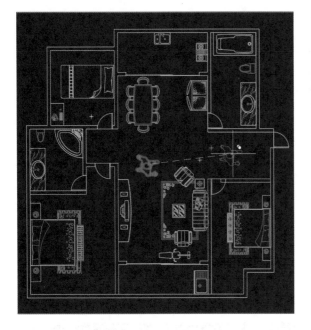
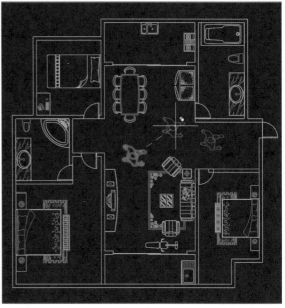

4.2.3 图形的旋转

执行图形对象的旋转操作，可以将图形对象绕指定的旋转中心旋转一定角度。用户可以通过以下几种方法实现图形的旋转。

- 在功能区的"默认"选项卡中，单击"修改"面板中的"旋转"按钮 ⟲ 。
- 在菜单栏中执行"修改>旋转"命令。
- 在命令窗口中输入"ROTATE"命令，并按回车键或空格键。

在使用上述任一方法操作后，根据命令窗口中的提示进行下一步操作。首先选择下左图中需要进行旋转的图形对象并选择旋转中心。将需要旋转的图形对象旋转到指定角度后单击鼠标左键即可完成操作，如下右图所示。

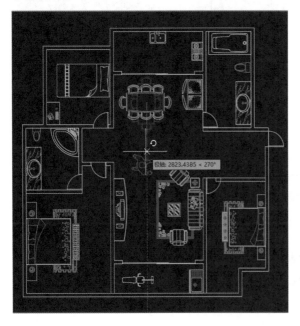
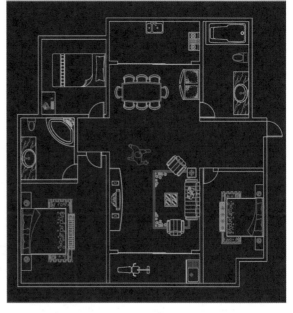

4.2.4 图形的镜像

"镜像"命令是指把选中的对象以一条镜像线为轴进行对称复制，并且可以删除或保留源对象。图形镜像可以大大节约设计人员的绘图时间，提高工作效率。用户可以通过以下几种方法调用图形的镜像命令。

- 在功能区的"默认"选项卡中，单击"修改"面板中的"镜像"按钮⚠。
- 在菜单栏中执行"修改>镜像"命令。
- 在命令窗口中输入"MIRROR"命令，并按回车键或空格键。

在使用上述任一方法操作后，根据命令窗口中的提示进行下一步操作。下左图是需要进行镜像的图形，通过选择图形作为镜像的对象，同时选择中心线作为中轴线即可完成镜像操作，如下右图所示。

 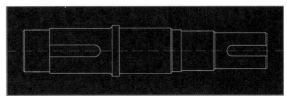

实战练习 使用"镜像"命令制作大门

大门基本上包括左右两部分，而且两部分是对称的，我们可以通过"镜像"功能完成大门的绘制，下面介绍具体操作方法。

步骤 01 在命令行输入"MIRROR"，按回车键。执行"镜像"命令后，根据命令行提示选择需要进行镜像操作的对象，如下左图所示。

步骤 02 根据命令行提示，在绘图区中指定镜像线的第一点，如下右图所示。

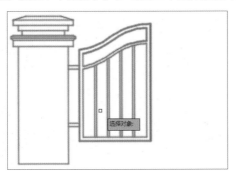 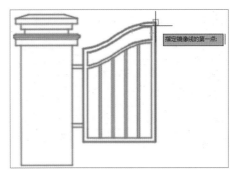

步骤 03 根据命令行提示，指定镜像线的第二点，如下左图所示。

步骤 04 在"要删除源对象吗？"提示中选择默认的"否"选项，如下右图所示。

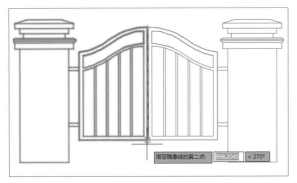 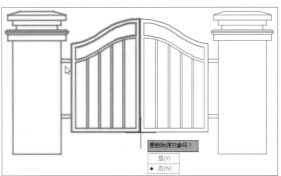

步骤 05 按回车键，完成图形的镜像，效果如下图所示。

4.2.5 图形的偏移

利用"偏移"命令对直线、圆或矩形等图形对象进行偏移，可以绘制一组平行直线、同心圆或同心矩形，用户可以通过以下几种方法调用图形的偏移命令。

- 在功能区的"默认"选项卡中，单击"修改"面板中的"偏移"按钮 。
- 在菜单栏中执行"修改>偏移"命令。
- 在命令窗口中输入"OFFSET"命令，并按回车键或空格键。

使用上述任一方法操作后，根据命令窗口中的提示进行下一步操作。选择需要进行偏移的图形，同时指定偏移的方向和距离，如下左图所示。单击鼠标左键或按回车键，即可完成图形的偏移操作，效果如下右图所示。

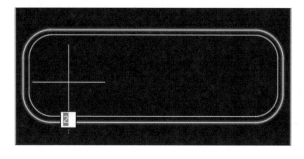 

4.2.6 图形的阵列

在绘制图形文件时，经常需要绘制按照一定规则排列的重复的图形，用户可以使用"复制"命令进行绘制，但是会比较复杂，这里可以使用"阵列"命令。"阵列"命令可控性要强于"复制"命令。其中阵列方式包括矩形阵列、路径阵列和环形阵列3种，下面将对这3种阵列形式进行讲解。

（1）矩形阵列

矩形阵列是按任意行、列和层级组合分布的对象副本，用户可以通过下列方法执行"矩形阵列"命令。

- 在功能区的"默认"选项卡中，单击"修改"面板中的"矩形阵列"按钮 。
- 在菜单栏中执行"修改>阵列>矩形阵列"命令。
- 在命令窗口中输入"ARRAYRECT"命令，并按回车键或空格键。

在使用上述任一方法操作后，根据命令窗口中的提示进行下一步操作。选择需要进行矩形阵列操作的对象，并分别指定阵列的方向和距离，即可完成矩形阵列，如下页左上图所示。

（2）路径阵列

路径阵列是沿整个路径或部分路径平均分布的对象副本，路径可以是曲线、弧线、折线等所有开放型线段，如下中图所示。用户可通过以下方法执行"路径阵列"命令。

● 在功能区的"默认"选项卡中，单击"修改"面板中的"路径阵列"按钮 。
● 在菜单栏中执行"修改>阵列>路径阵列"命令。
● 在命令窗口中输入"ARRAYPATH"命令，并按回车键或空格键。

使用上述任一方法操作后，根据命令窗口中的提示进行下一步操作。选择需要路径阵列的对象及阵列所沿的路径，并指定阵列的数量，即可完成路径阵列操作。

（3）环形阵列

环形阵列是绕某个中心点或旋转轴形成的环形图案平均分布的对象副本，如下右图所示。用户可通过以下方法执行"环形阵列"命令。

● 在功能区的"默认"选项卡中，单击"修改"面板中的"环形阵列"按钮 。
● 在菜单栏中执行"修改>阵列>环形阵列"命令。
● 在命令窗口中输入"ARRAYPOLAR"命令，并按回车键或空格键。

使用上述任一方法操作后，根据命令窗口中的提示进行下一步操作。选择需要路径的对象及阵列所绕的中心点，并指定阵列的数量，即可完成环形阵列操作。

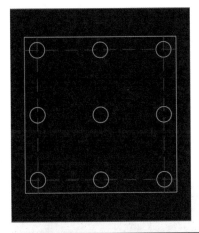 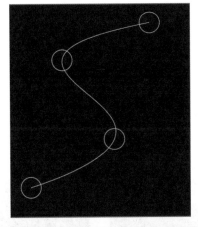 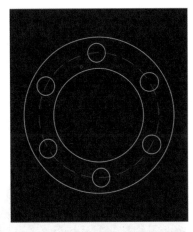

提示：反方向阵列

在矩形阵列的过程中，如果希望阵列的图形需要往相反方向复制的话，在列数或者行数前面加"–"符号就好。

4.2.7 图形的缩放

"缩放"命令可以将图形对象按指定比例因子进行放大或缩小，它只改变图形对象的大小而不改变其形状，即图形对象在X、Y方向的缩放比例是相同的。用户可以通过以下几种方法调用图形的缩放命令。

● 在功能区的"默认"选项卡中，单击"修改"面板中的"缩放"按钮 。
● 在菜单栏中执行"修改>缩放"命令。
● 在命令窗口中输入"SCALE"命令，并按回车键或空格键。

使用上述任一方法操作后，根据命令窗口中的提示进行下一步操作。选择下页左上图中需要进行缩放的图形对象并选择缩放中心。在命令窗口中输入缩放比例因子并按回车键，即可完成图形的缩放操作，如下页右上图所示。

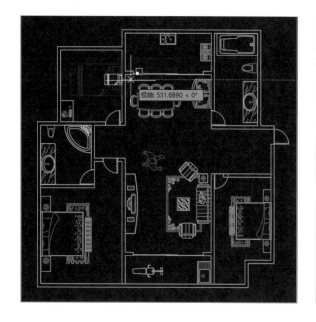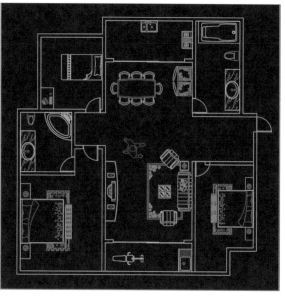

4.2.8　图形的拉伸

图形的拉伸操作可以将与选择窗口或与多边形交叉的对象进行拉伸。需要注意的是，在使用"拉伸"命令时，只能用于拉伸窗交窗口部分包围的对象，而完全包含在窗交窗口中的对象或单独选定的对象会被移动，其中圆、椭圆和块无法拉伸。用户可以通过以下几种方法调用图形的拉伸命令。

- 在功能区的"默认"选项卡中，单击"修改"面板中的"拉伸"按钮🔳。
- 在菜单栏中执行"修改>拉伸"命令。
- 在命令窗口中输入"STRETCH"命令，并按回车键或空格键。

使用上述任一方法操作后，根据命令窗口中的提示进行下一步操作。使用选择窗口选择下左图的图形对象中需要拉伸的部分，并预先拉伸一部分。在命令窗口中输入拉伸距离以及拉伸的角度并按回车键，即可完成图形的拉伸操作，如下右图所示。

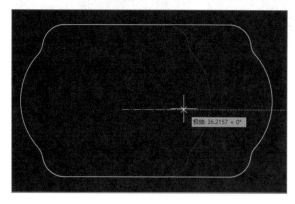

4.2.9　图形的修剪

图形的修剪操作可以准确地剪切掉超出指定边界的部分或两个图形间交集的部分。用户可以通过以下几种方法调用图形的修剪命令。

- 在功能区的"默认"选项卡中，单击"修改"面板中的"修剪"按钮🔳。
- 在菜单栏中执行"修改>修剪"命令。

- 在命令窗口中输入"TRIM"命令，并按回车键或空格键。

使用上述任一方法操作后，根据命令窗口中的提示进行下一步操作。选择需要进行修剪的图形，这里要注意的是，要修剪的图形必须被选中，接下来单击需要修剪的线段即可，如下左图所示。修剪完成后按回车键，即可完成图形的修剪操作，如下右图所示。

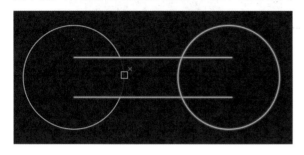 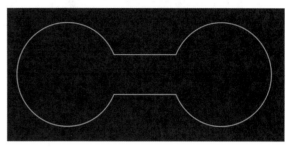

4.2.10 图形的延伸

图形的延伸是指将图形对象延长到指定的边界，用户可以通过以下几种方法调用图形的延伸命令。

- 在功能区的"默认"选项卡中，单击"修改"面板中的"延伸"按钮。
- 在菜单栏中执行"修改>延伸"命令。
- 在命令窗口中输入"EXTEND"命令，并按回车键或空格键。

使用上述任一方法操作后，根据命令窗口中的提示进行下一步操作。选择需要进行延伸的图形，这里要注意的是，要延伸的图形必须被选中，接下来单击需要延伸的线段即可，如下左图所示。在延伸完成后按回车键，即可完成图形的延伸操作，如下右图所示。

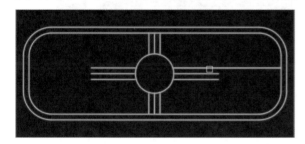 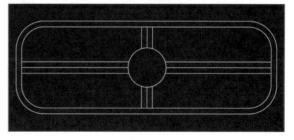

4.2.11 图形的打断

打断图形指的是删除图形上的某一部分或将图形分成两部分，即图形的打断和图形的打断于点。下面将对这两种形式的打断方式进行详细讲解。

（1）图形的打断

图形的打断指的是删除图形上的某一部分或将图形分成两部分，用户可以通过以下几种方法调用图形的打断命令。

- 在功能区的"默认"选项卡中，单击"修改"面板中的"打断"按钮。
- 在菜单栏中执行"修改>打断"命令。
- 在命令窗口中输入"BREAK"命令，并按回车键或空格键。

使用上述任一方法操作后，根据命令窗口中的提示进行下一步操作。选择需要进行打断的图形，在选中需要打断的第一点后选择需要打断的第二点，如下页左上图所示。单击鼠标左键，即可完成图形的打断操作，这时我们可以看到圆角矩形中的一部分被删除，如下页右上图所示。

（2）图形的打断于点

图形的打断于点指的是将选定的图形分成两部分，用户可以通过以下几种方法调用图形的打断于点命令。

● 在功能区的"默认"选项卡中，单击"修改"面板中的"打断于点"按钮。

● 在菜单栏中执行"修改>打断于点"命令。

● 在命令窗口中输入"BREAKATPOINT"命令，并按回车键或空格键。

在使用上述任一方法操作后，根据命令窗口中的提示进行下一步操作。选择需要进行打断的图形，这里是将圆角矩形分为两部分。首先选中需要打断的点，如下左图所示。单击鼠标左键，即可完成图形的打断于点操作，这时我们可以看到圆角矩形已经被分为两部分，如下右图所示。

4.2.12　图形的倒角和圆角

图形的倒角与圆角操作主要用来对图形进行修饰。倒角是将相邻的两条直角边进行倒角，而圆角则是通过制定的半径圆弧来进行倒角，下面将分别对图形的倒角和圆角进行讲解。

（1）图形的倒角

"倒角"命令是为两个相邻的直角边进行倒角处理，可以用于"倒角"命令的对象有：直线、多段线、构造线、射线。用户可以通过以下几种方法调用图形的倒角命令。

● 在功能区的"默认"选项卡中，单击"修改"面板中的"倒角"按钮。

● 在菜单栏中执行"修改>倒角"命令。

● 在命令窗口中输入"CHAMFER"命令，并按回车键或空格键。

在使用上述任一方法操作后，根据命令窗口中的提示进行下一步操作。在设定倒角第一条边和第二条边的长度后，选择需要倒角的两条边，如下页左上图所示，接下来按回车键即可。

（2）图形的圆角

"圆角"命令是将两个图形对象以指定半径的圆弧平滑地连接起来。用户可以通过以下几种方法调用图形的圆角命令。

● 在功能区的"默认"选项卡中，单击"修改"面板中的"圆角"按钮。

● 在菜单栏中执行"修改>圆角"命令。

● 在命令窗口中输入"FILLET"命令，并按回车键或空格键。

使用上述任一方法操作后，根据命令窗口中的提示进行下一步操作。在设定倒圆角的半径后，选择需要倒圆角的两条边，如下右图所示，接下来按回车键即可。

4.2.13 图形的分解

图形的分解是指将一个合成对象分解为组成部件对象，用户可以通过以下几种方法调用图形的分解命令。

- 在功能区的"默认"选项卡中，单击"修改"面板中的"分解"按钮🗖。
- 在菜单栏中执行"修改>分解"命令。
- 在命令窗口中输入"EXPLODE"命令，并按回车键或空格键。

使用上述任一方法操作后，根据命令窗口中的提示进行下一步操作。下左图是需要进行分解的图形，在执行分解命令之后，可以看到多段线图形已经被分解为由独立的直线组成的图形，如下右图所示。

 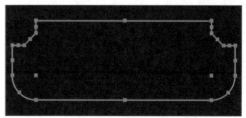

实战练习 绘制床头灯 ━━━━━━━━━━━━━━━━━━━━━━━━━━━━━━━●

下面介绍使用"阵列"命令、"拉伸"命令、"镜像"命令等绘制双人床床头灯图形的实操步骤。通过本案例的学习，使用户能熟练掌握编辑和修改二维图形的相关操作。

步骤 01 打开素材文件后，首先需要绘制两个同心圆，半径分别为100和80，如下左图所示。

步骤 02 使用"直线"命令，绘制一条直线，分别与外圆内侧和内圆外侧相接，如下右图所示。

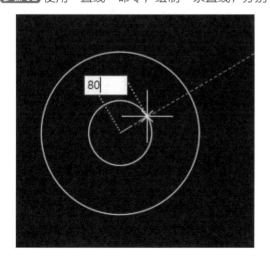 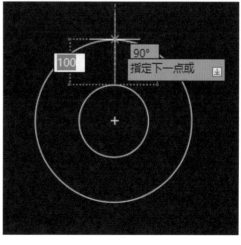

步骤 03 将上一步绘制的直线进行圆环阵列，阵列中心为圆心，阵列数量为16，如下左图所示。

步骤 04 选择上一步阵列的直线，执行"分解"命令将其分解，并使用"拉伸"命令将分解后的直线和内圆进行拉伸，如下右图所示。

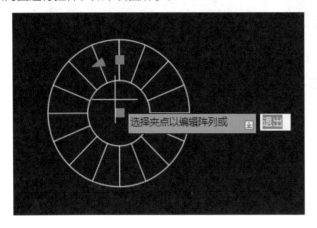 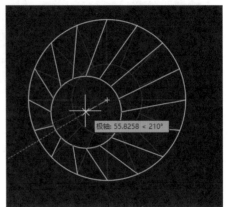

步骤 05 接下来使用"移动"命令，将其移动到床头柜的任意位置，如下左图所示。

步骤 06 最后选择绘制好的床头灯，执行"镜像"命令，沿着双人床的中轴线对其执行镜像命令，原图形不要删除，如下右图所示。

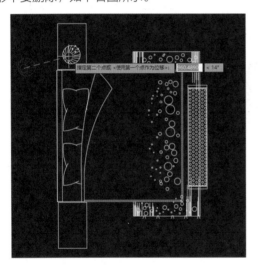 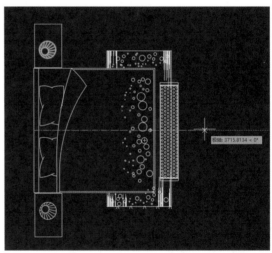

4.3 多段线和多线的编辑

上一章我们讲解了如何绘制多段线和多线。在这一节，我们将对如何编辑多段线和多线进行详细讲解。

4.3.1 多段线的编辑

多段线绘制完毕，用户可对多段线进行相应的编辑。多段线的编辑包括对多段线的直接编辑以及使用多段线编辑命令进行编辑，这一节将对多段线的直接编辑进行讲解。

选中多段线后，将光标移到多段线连续线段的夹点处，悬停一秒，即可弹出快捷菜单，如下页左上图所示。下面将对这3个选项进行讲解。

● **拉伸顶点：**可以拖拽该顶点进行拉伸拖移。

- **添加顶点：** 选择要显示夹点的多段线。将光标悬停在顶点夹点上，直到菜单显示，选择"添加顶点"选项。
- **删除顶点：** 在删除该顶点后，该顶点前后两条线段会变为一条线段，同时该顶点会转换为中点。

将光标移到多段线线段的中点夹点处，并悬停一秒，即可弹出快捷菜单，如下右图所示。下面对这3个选项进行讲解。

- **拉伸：** 可以对该线段进行拉伸拖移。
- **添加顶点：** 可以将当前中点转换为顶点，即将该线段分为两段。
- **转换为圆弧：** 可以将当前线段转换为以中点为圆心的圆弧。

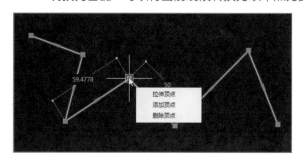 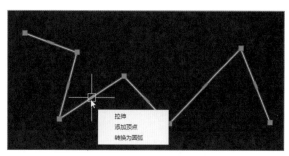

4.3.2 多段线的编辑命令

上一节讲解了如何直接对多段线进行编辑，这一节将就如何使用多段线的编辑命令进行详细讲解。

- 在功能区的"默认"选项卡中，单击"修改"面板中的"编辑多段线"按钮 。
- 在菜单栏中执行"修改>对象>多段线"命令。
- 在命令窗口中输入"PEDITE"，并按回车键或空格键。

执行以上任意一种操作后，在命令窗口中出现命令行提示，如下图所示。在这里可以根据需要选择对应的选项，下面将对常用选项进行讲解。

- **闭合：** 创建闭合图形，将当前多段线首尾连接以进行闭合。
- **合并：** 只适用于二维多段线，通过合并可将其他圆弧、直线、多段线连接到当前多段线上。
- **宽度：** 在这里可以对当前多段线的整体宽度进行设置。
- **编辑顶点：** 该选项可以编辑多段线顶点和与顶点相邻的线段。
- **拟合：** 用曲线拟合方式将已存在的多段线转换为平滑曲线。
- **样条曲线：** 该选项可以将当前的多段线转换为控制点样条曲线。
- **反转：** 用于反转多段线的方向，即起点和终点互换。
- **放弃：** 还原操作，可以返回到未编辑的状态。

4.3.3 多线的编辑

多线的编辑包括"多线样式"对话框和"多线编辑工具"对话框。前者可以创建多线样式，并在绘制多线的时候选择所需的多线样式，而后者可以对绘制的多线进行进一步编辑。

4.3.4 多线样式的设置

在绘制多线前需要先设置多线样式，多线样式需要在"多线样式"对话框中进行创建及设置。用户可以通过以下几种方法打开"多线样式"对话框。

- 在菜单栏中执行"格式>多线样式"命令。
- 在命令窗口中输入"MLSTYLE"，并按回车键或空格键。

执行以上任意一种操作后，即可打开"多线样式"对话框，如右图所示。下面对"多线样式"对话框的相关选项的应用进行讲解。

- **样式：** 在这里显示了已经加载到当前图形文件中的所有多线样式列表。
- **说明：** 显示选定的多线样式的相关介绍。
- **预览：** 在这里可以看到选定的多线样式的名称和图像。
- **置为当前：** 单击该按钮，可将选定的多线样式设定为当前多线样式。
- **新建：** 单击该按钮，会弹出"创建新的多线样式"对话框。
- **修改：** 单击该按钮，会弹出"修改多线样式"对话框，并可以对多线样式进行修改。
- **重命名：** 单击该按钮，可以对选定的多线样式进行重命名。
- **删除：** 单击该按钮，会弹出确认是否删除的警告框，根据需要单击"是"或者"否"按钮即可。
- **加载：** 单击该按钮，会弹出"加载多线样式"对话框，接下来可以在多线库文件中选择需要的多线样式。
- **保存：** 单击该按钮，会将当前的多线样式保存到多线库文件中。

在弹出下左图的"创建新的多线样式"对话框后，在这里输入新样式名，选择当前新建样式对应的基础样式，并单击"继续"按钮。接下来会弹出"新建多线样式：内墙线"对话框，在这里对相关参数进行设置即可，如下右图所示。

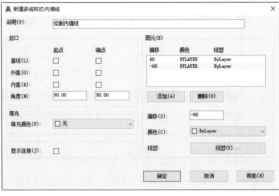

- **说明：** 在这里可以为当前多线样式添加说明，说明将会体现在"多线样式"对话框中。
- **封口：** 在这里可以对多线起点和端点的封口进行设置。
- **填充：** 在这里可以对多线的填充色进行设置。
- **显示连接：** 勾选"显示连接"复选框，可以显示多线线段顶点处的连接。
- **图元：** 在这里可以对多线的所有元素进行设置，包括多线线段的数量（默认为两条）、多线线段间隔的距离、多线线段的颜色以及多线线段的线型。

4.3.5 多线编辑工具

利用"多线"命令绘制的图形对象不能满足绘图要求时，就需要对其进行编辑。用户可以通过添加或删除顶点，并且控制角点接头的显示来编辑多线，还可以通过编辑多线样式来改变单个直线元素的属性，或改变多线的末端封口和背景填充。

用户可通过以下几种方法打开"多线编辑工具"对话框。

- 在菜单栏中执行"修改>对象>多线"命令。
- 在命令窗口中输"MLEDIT"，并按回车键或空格键。
- 双击多线图形对象。

执行以上任意一种操作，即可打开"多线编辑工具"对话框，如右图所示。下面将对"多线编辑工具"对话框中各选项的含义进行讲解。

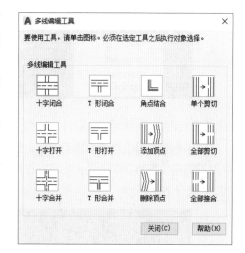

- **十字闭合**：在两条多线线段之间创建一个十字闭合的交点，选择的第一条多线将被剪切。
- **十字打开**：在两条多线线段之间创建一个十字打开的交点，选择多线的顺序不影响最终效果。
- **十字合并**：在两条多线线段之间创建一个十字合并的交点，选择多线的顺序不影响最终效果。
- **T形闭合**：在两条多线线段之间创建一个T形闭合交点，选择的第一条多线将被剪切。
- **T形打开**：在两条多线线段之间创建一个T形打开交点，选择的第一条多线将被剪切。
- **T形合并**：在两条多线线段之间创建一个T形合并交点，选择的第一条多线将被剪切。
- **角点结合**：在两条多线线段之间创建一个角点结合，第一条多线将被修剪或拉伸，与第二条多线相交，这里需要注意的是角点结合的方向。
- **添加顶点**：向选定的多线线段上添加一个顶点，该顶点可以被拉伸。
- **删除顶点**：从选定的多线线段上删除一个顶点。
- **单个剪切**：在选定的多线线段上选择其中一条或多条线段进行打断。
- **全部剪切**：将选定的多线线段全部打断。
- **全部接合**：将已被剪切的多线线段重新接合起来。

4.4 样条曲线的编辑

在上一章我们讲解了如何绘制样条曲线，包括拟合点样条曲线和控制点样条曲线。而在这一节，我们将对如何编辑拟合点样条曲线和控制点样条曲线进行详细讲解。常用的样条曲线编辑方法包括直接编辑、夹点编辑、"SPLINEDIT"命令编辑以及其他常见的线段编辑方法。

4.4.1 直接编辑

选择需要编辑的拟合点样条曲线或控制点样条曲线，根据需要选择编辑的拟合点（控制点），直接进行拖拽即可。

4.4.2 夹点编辑

夹点编辑样条曲线包括拟合点样条曲线和控制点样条曲线，下面分别进行介绍。

（1）拟合点样条曲线

选择需要编辑的拟合点样条曲线，将光标移动到拟合点样条曲线的任一端点，悬停后在弹出的快捷菜单中根据需要执行对应的命令，如下左图所示。而将光标移到非端点的拟合点悬停时，弹出的快捷菜单是不同的，如下右图所示。

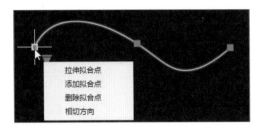 

（2）控制点样条曲线

选择需要编辑的控制点样条曲线，将光标移动到控制点样条曲线的任一端点，悬停后在弹出快捷菜单中根据需要执行对应的命令，如下左图所示。而将光标移到非端点的控制点悬停时，弹出的快捷菜单是不同的，如下右图所示。

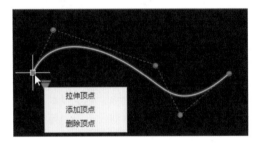 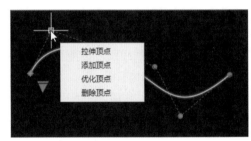

4.4.3 SPLINEDIT命令编辑

用户可以通过以下几种方法执行"SPLINEDIT"编辑命令。

- 在功能区的"默认"选项卡中，单击"修改"面板中的"编辑样条曲线"按钮 。
- 在菜单栏中执行"修改>对象>样条曲线"命令。
- 在命令窗口中输入"SPLINEDIT"命令，并按回车键或空格键。

4.4.4 其他编辑方法

其他的编辑方法包括图形的修剪、图形的延伸以及图形的圆角等，这些命令也适用于样条曲线。

> **提示：样条曲线和多段线的转化**
>
> 拟合点样条曲线和控制点样条曲线是可以转化为多段线的，而多段线仅能转化为拟合点样条曲线。

实战练习 绘制小红花

下面介绍使用"样条曲线"命令、"阵列"命令、"分解"命令等绘制小红花图形的方法。通过本案例学习，使用户能熟练掌握编辑和修改二维图形的操作方法。

步骤01 新建图形文件后，将"外轮廓"图层设为当前图层，并使用"圆形"命令绘制一个圆形，直径为10，如下左图所示。

步骤02 使用"多边形"命令，绘制一个以当前圆形圆心为中心，外接于圆的五边形，如下右图所示。

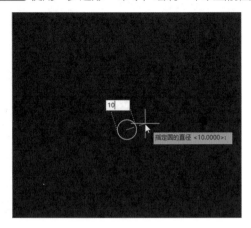 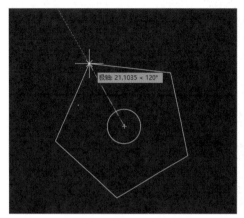

步骤03 接下来使用"样条曲线"命令绘制一条拟合点样条曲线，如下左图所示。

步骤04 绘制完成后选择样条曲线，根据需要对拟合点进行适当拉伸调整，如下右图所示。

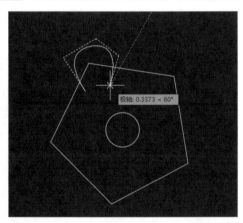 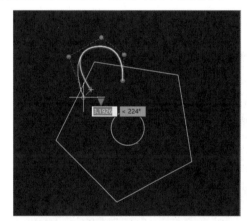

步骤05 选择拟合点样条曲线，执行"圆环阵列"命令，将其阵列，阵列数量为7，如下左图所示。

步骤06 选择阵列图形，删除多边形，并执行"分解"命令和"修剪"命令，修剪多余的部分，如下右图所示。

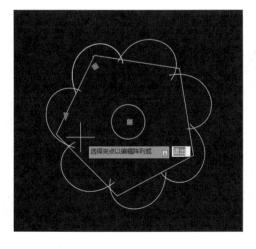 

步骤 07 执行"圆弧"命令，绘制一条圆弧，并使用"偏移"命令，将其向右侧偏移，如下左图所示。

步骤 08 执行"修剪"命令，修剪多余的部分，并使用"直线"命令绘制一条直线，如下右图所示。

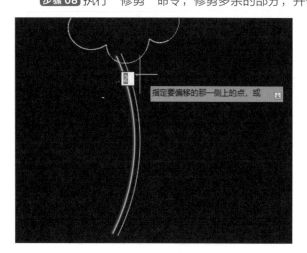
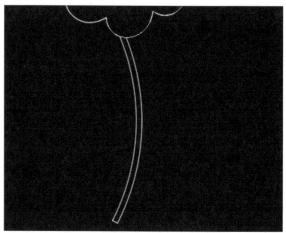

步骤 09 执行"圆弧"命令和"镜像"命令，绘制叶子部分，并使用"旋转"命令，将其旋转至一定角度，如下左图所示。

步骤 10 使用"缩放"命令，将叶子调整至合适的大小，并使用"复制"命令和"移动"命令，将其移到合适的位置，如下右图所示。

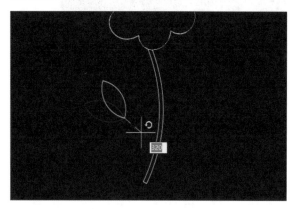

步骤 11 将"填充"图层设为当前图层，执行"图案填充"命令，分别对小花的各部分进行上色处理，并将"外轮廓"图层冻结，如下左图所示。

步骤 12 使用"矩形阵列"命令，对小花进行矩形阵列，如下右图所示。

知识延伸：多线的其他编辑方式

　　除了上文所述的多线编辑方式，用户还可以执行"修剪"命令直接对多线进行编辑，或执行"分解"命令，对多线进行分解后编辑，如下图所示。

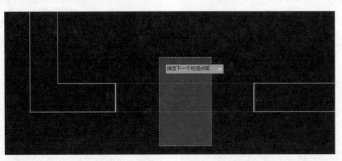

 上机实训：绘制锻造圆柱齿轮

　　在学习了本章知识后，这里将以绘制锻造圆柱齿轮为例进行练习。通过本案例的学习，用户将对这一章的知识有更进一步的了解，以下是详细讲解。

扫码看视频

步骤 01 新建图形文件后，打开"图层特性管理器"选项面板，创建所需的图层，并将"中心线"图层设为当前图层，如下左图所示。

步骤 02 执行"直线"命令，绘制两条中心线，如下右图所示。

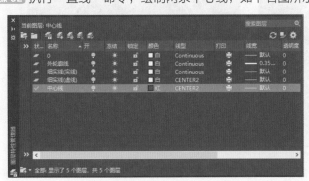 

步骤 03 将"细实线（虚线）"图层设为当前图层，并执行"圆形"命令，绘制一个圆形，如下左图所示。

步骤 04 将"外轮廓线"图层设为当前图层，并执行"圆形"命令，分别绘制4个圆形，如下右图所示。

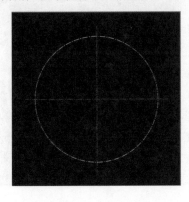 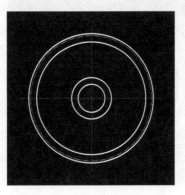

步骤 05 执行"偏移"命令，将内侧的3个圆形分别向内偏移2，如下左图所示。

步骤 06 再次执行"偏移"命令，将水平中心线向上偏移23.3，将垂直中心线向两侧偏移6，如下右图所示。

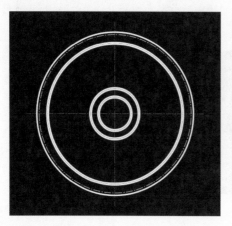 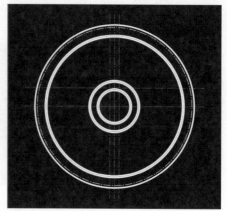

步骤 07 执行"修剪"命令，修剪多余的部分，并将这部分线段调整为"外轮廓线"图层，如下左图所示。

步骤 08 执行"圆形"命令，绘制两个圆形，并再次执行"偏移"命令，将垂直中心线向两侧偏移4，如下右图所示。

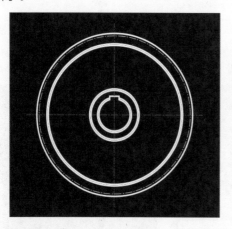 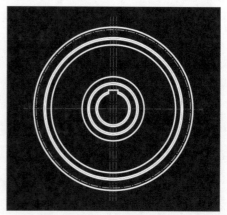

步骤 09 执行"修剪"命令和"圆角"命令，并将这部分线段调整为"外轮廓线"图层，如下左图所示。

步骤 10 执行"环形阵列"命令，以圆形为中心点，阵列4个，如下右图所示。

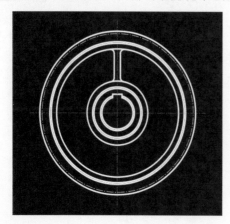 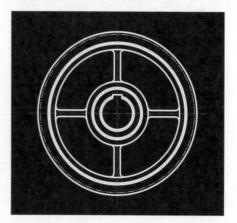

步骤 11 再次执行"圆形"命令，绘制两个圆形，如下左图所示。

步骤 12 将极轴增量角设为30°，执行"直线"命令，绘制两条夹角为60°的直线，如下右图所示。

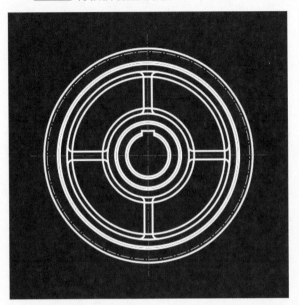
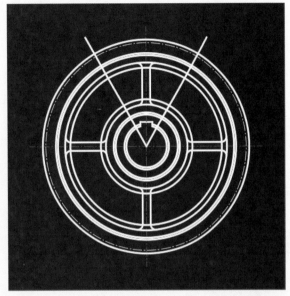

步骤 13 执行"圆角"命令和"修剪"命令，对这部分进行修剪，如下左图所示。

步骤 14 执行"旋转"命令和"环形阵列"命令，进行图形绘制，锻造圆柱齿轮的最终绘制效果如下右图所示。

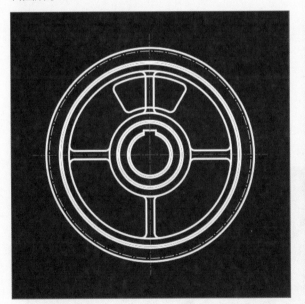

课后练习

通过本章的学习，相信用户对于编辑和修改二维图形有了一定的认识，下面通过一些习题来进一步强化所学知识。

一、选择题

（1）在命令行中输入（　　）命令，可以快速选择目标对象。

    A. QUICK SELECTION   B. QSELECT

    C. QUICK CHOICE   D. FAST SELECT

（2）如果想要得到对称的图形，可以执行（　　）命令，对线段进行修改编辑。

    A. 复制   B. 阵列

    C. 镜像   D. 选择

（3）图形的阵列不包括（　　）。

    A. 线性阵列   B. 环形阵列

    C. 矩形阵列   D. 路径阵列

（4）SC是（　　）命令的快捷指令。

    A. 剪切   B. 移动

    C. 旋转   D. 缩放

二、填空题

（1）在图形旋转时，需要分别指定_____和_____。

（2）多线的编辑可以在_____对话框中进行设置。

（3）多段线可以转化为_____，不可以转化为_____。

三、上机题

（1）执行"直线"命令和"修剪"命令，绘制直线轴承的剖面视图，如下左图所示。

（2）利用"圆形""直线""圆角"等命令，绘制菱形座轴承，如下右图所示。

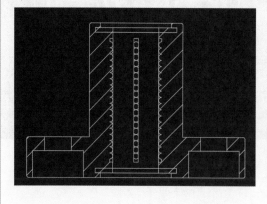
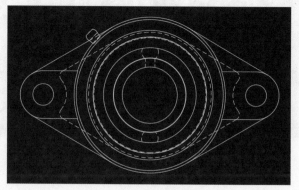

Ⓐ 第5章 块的设计和应用

本章概述

在绘图过程中，经常需要绘制大量重复的图形，除了可以应用"复制"和"阵列"命令，还可以使用"块定义"命令，将图形创建为"块"，之后以不同的比例因子和旋转角度插入到图形中，可以最大限度地节省时间及储存空间。

核心知识点

❶ 块的概念和特点
❷ 内部块和外部块的创建
❸ 块的插入及储存
❹ 块属性的编辑与管理

5.1 块的概念和特点

图块是一组图形实体构成的图形单元总称。在该图形单元中，每一个实体可以具有各自的图层、线型、颜色等特征。在应用过程中，图块是作为一个独立的、完整的对象来操作的。用户可以根据需要按一定比例和角度将图块插入任意指定的位置。

由于图块是作为一个实体插入，只保存图块的整体特征参数，而不需要保存图块中每一个实体的特征参数。因此，在绘制相对复杂的图形时，使用图块可以大大节省磁盘空间。

如果修改或更新一个已定义的图块，系统将自动更新当前图形中已插入的所有图块，这为用户工作带来很大便利。

5.2 块的基础操作

块的基础操作包括块的创建以及块的插入，在AutoCAD 2022中，创建块时可以创建内部块或外部块。内部块仅储存在当前图形文件中，外部块储存在外部磁盘内。在插入块时，可以在当前图形对象中选择块，也可以在外部磁盘内选择块。下面将对块的基础操作进行详细讲解。

5.2.1 块的创建

在AutoCAD 2022中，有两种创建块的方法。一种是使用"块定义"命令，并在"块定义"对话框中创建内部图块；另一种是使用"写块"命令，并在"写块"对话框中创建外部图块。前者是将图块储存在当前图形文件中，只能在本图形文件调用或通过设计中心共享。后者是将块写入磁盘保存为一个图形文件，所有的AutoCAD图形文件都可以调用。下面将对这两种创建图块的方式进行详细讲解。

（1）"块定义"命令

"块定义"命令所创建的块仅储存在图形文件内部，因此只能在当前图形文件中调用，不能在其他图形文件中调用，主要在"块定义"对话框中设置。用户可以通过以下方法打开"块定义"对话框。

- 在功能区的"插入"选项卡中，单击"块定义"面板中的"创建块"按钮🔳。
- 在菜单栏中执行"绘图>块>创建"命令。
- 在命令窗口中输入"BLOCK"命令，按回车键或空格键。

使用上述任一方法操作后，弹出如下图所示的"块定义"对话框。该对话框可以对每个块的块名、一个或多个对象、用于插入块的基点坐标值和所有相关的属性数据进行设置。

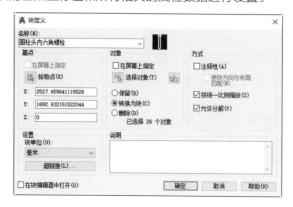

下面将对"块定义"对话框中的常用选项及选项组进行详细讲解。

● **基点**：在这里可以对图块的基点进行设置，默认图块的插入基点值为（0,0,0），用户可以直接在X、Y和Z数值框中输入坐标相对应的数值。在二维图形中，Z值恒为0。也可以单击"拾取点"按钮，切换到绘图区中指定图块的基点。

● **对象**：在这里可以对图块中包含的图形对象进行设置，包括在创建块之后如何处理这些对象，可以保留当前图形文件，也可以将其转换为图块，或者是将其删除。用户可以选择保留还是删除选定的对象，或者将它们转换成块实例。

● **在块编辑器中打开**：勾选该复选框后，会在单击"确定"按钮后跳转到"块编辑器"选项卡中，在这里可以对图块进行进一步的设置。

实战练习 创建圆柱头内六角螺栓图块

螺栓是在绘制机械图纸时最常用的零件，这里以绘制圆柱头内六角螺栓图块为例，对如何创建图块进行讲解。

步骤01 打开"实例：创建圆柱头内六角螺栓图块.dwg"素材图形，执行"绘图>块>创建"命令，打开"块定义"对话框，在对话框中单击"选择对象"按钮，如下左图所示。

步骤02 在绘图区中选择要创建的图块对象，如下右图所示。

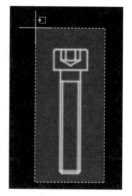

步骤03 按回车键、空格键或鼠标右键返回至"块定义"对话框，然后单击"拾取点"按钮，如下页左上图所示。

步骤04 在绘图窗口中以指定图形的一点作为块的基点，如下页右上图所示。

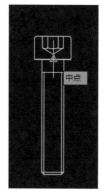

步骤 05 选择基点并单击鼠标左键，即可返回到对话框中，接着输入块名称，单击"确定"按钮关闭对话框，如下左图所示。

步骤 06 完成图块的创建，选择创建好的图块并将光标放置在图块上，会看到"块参照"的提示，如下右图所示。

（2）"写块"命令

"写块"命令所创建的图块存储在外部磁盘中，任何图形文件都可以调用。这里主要是在"写块"对话框中进行设置，用户可以通过以下方法来打开"写块"对话框。

● 在功能区的"插入"选项卡中，单击"块定义"面板中的"写块"按钮。

● 在命令窗口中输入"WBLOCK"命令，并按回车键或空格键。

使用上述任一方法操作后，弹出如右图所示的"写块"对话框，通过该对话框可以完成外部参照图块的创建。

在"写块"对话框中，"基点"选项组和"对象"选项组的内容和功能与"块定义"对话框相似，这里不再重复讲解，下面对"写块"对话框中的其他选项进行讲解。

● **源**：该选项区域包含3个单选按钮，选择"块"单选按钮，在"块"的下拉列表选择现有的图块，可以将已经定义过的内部块保存为图形文件；选择"整个图形"单选按钮，可以将绘图区域的所有图形作为块保存为图形文件；选择"对象"单选按钮，即可在"基点"选项组和"对象"选项组中进行设置。

● **目标**：在这里可以对图块的存储文件名和存储路径进行设置，同时可以对插入图块的单位进行设置。

5.2.2 块的插入

创建图块后，可以使用"插入"命令直接将图块插入到图形中。插入图块时，可以一次插入一个或多个，下面对如何插入图块的方法进行详细讲解。

用户可以通过以下方法调用插入图块命令。

- 在功能区的"默认"选项卡中，单击"块定义"面板中的"插入"按钮。
- 在功能区的"插入"选项卡中，单击"块"面板中的"插入"按钮。
- 在命令窗口中输入"INSERT"命令，并按回车键或空格键。
- 在命令窗口中输入"BLOCKSPALETTE"命令，并按回车键或空格键。
- 在菜单栏中执行"插入>块选项板"命令。

执行以上任意一种操作，即可打开"块"选项面板，用户可以分别在"当前图形""最近使用""收藏夹"以及"库"4个选项卡中选择需要插入的图块，如右图所示。

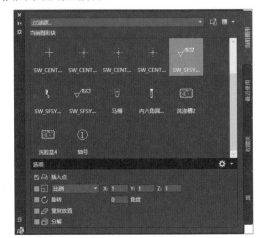

下面将对"块"选项面板中各选项卡以及选项卡中的部分控件进行讲解。

- **"当前图形"选项卡**：在该选项卡中，以图标或列表形式显示了当前图形中的所有可用块定义。
- **"最近使用"选项卡**：在该选项卡中，显示了当前以及最近插入的块定义，这些块定义来源可能是当前图形文件，也可能是其他图形文件。
- **"收藏"选项卡**：在该选项卡中，显示了所有已经收藏的块定义。
- **"库"选项卡**：该选项卡可以将当前图形中的所有块定义显示为图标或列表。

5.2.3 块的编辑

创建图块后，也可以根据需要对图块进行编辑。在对单个图块进行编辑后，当前图形文件中相同的图块也会自动更新。由于图块是由多个图元构成的，所以在编辑时，需要在一个独立的区域内或将需要编辑的图块单独高亮显示。常见的图块编辑包括"重置块"命令、"块编辑器"命令和"在位编辑块"命令，下面将对这3种编辑命令的应用进行讲解。

（1）"重置块"命令

"重置块"命令一般用于将一个或多个动态块重置为块定义。关于动态块的讲解在本章的后半部分。用户可以通过以下几种方法执行"重置块"命令。

- 在命令窗口中输入"RESETBLOCK"命令，并按回车键或空格键。
- 选择需要进行重置的图块，右击并在弹出的快捷菜单中执行"重置块"命令。

（2）"块编辑器"命令

"块编辑器"命令可以将图块置于一个特殊的编辑区域内，在这里可以更加便捷地编辑图块。用户可以通过以下几种方法执行"块编辑器"命令。

- 在命令窗口中输入"BEDIT"命令，并按回车键或空格键。
- 在菜单栏中执行"工具>块编辑器"命令。
- 选择需要进行编辑的图块，右击并在弹出的快捷菜单中执行"块编辑器"命令。

执行上述任一命令后，将会在块编辑器中打开选中的图块，在块编辑器的上方有"块编辑器"选项卡，如下图所示。

在"块编辑器"选项卡中，可以打开需要编辑的图块，也可以对编辑后的图块进行保存，而测试块一般用于测试动态图块，也可以对图块的几何约束进行设置。

同时，在块编辑器中还有"块编写"选项面板，如右图所示，在这里包括了"约束""参数集""动作"以及"参数"4个选项卡。在这4个选项卡中，用户可以创建所需的动态图块，也可以创建几何约束或对基础参数进行设置。

（3）"在位编辑块"命令

"在位编辑块"命令可以直接在当前图形中编辑块定义或外部参照，相较于"块编辑器"命令，这里仅仅是对图块的内容进行编辑，用户可以通过以下几种方法执行"在位编辑块"命令。

● 在命令窗口中输入"REFEDIT"命令，并按回车键或空格键。
● 选择需要进行编辑的图块，右击并在弹出的快捷菜单中执行"在位编辑块"命令。

执行上述任一命令后，将会自动弹出"参照编辑"对话框，如下左图所示。在这里可以看到当前选择的块参照的名称和预览，单击"确定"按钮后，将进入编辑状态。此时会在"默认"选项卡的最右侧出现"编辑参照"面板，如下右图所示。在编辑过程中和编辑完成后，可以根据需要单击对应的按钮。

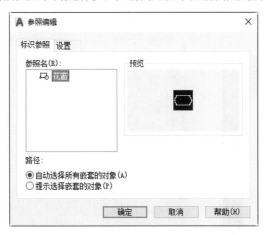

5.2.4 动态块

普通的图块都是静态块，而动态块是指对静态块添加一系列的动作，比如拉伸、翻转、缩放等。使用动态块后，可以让具有相同基础特征的图块共享一个图块，这样可以避免大量重复的工作。

在为静态块添加动作时，需要在块编辑器中进行。首先需要在"块编写"选项面板中的"参数"选项卡添加基础参数，如下页左上图所示。接下来需要在"动作"选项卡中根据上一步添加的基础参数选择所需的动作，如下页中上图所示。下页右上图是之前实例中的圆柱头内六角螺栓，这里制作的动态图块，可以自由拉伸螺栓的长度，这样就不需要额外创建不同长度的螺栓了。

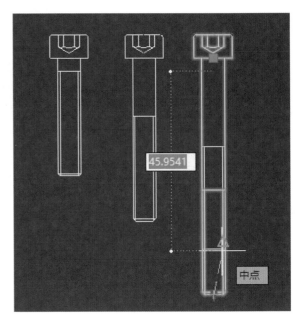

实战练习 创建圆柱头内六角螺栓动态图块

在上一个实战练习中，我们绘制了圆柱头内六角螺栓的图块，这里将为这个静态图块添加拉伸动作，将其转化为一个动态图块，以下是详细讲解。

步骤 01 打开"实例：创建圆柱头内六角螺栓动态图块.dwg"素材图形，选择圆柱头内六角螺栓图块，右击并在弹出的快捷菜单中执行"块编辑器"命令，如下左图所示。

步骤 02 在"块编写"选项面板中的"参数"选项卡中选择"线性"选项，为圆柱头内六角螺栓添加线性参数，如下右图所示。

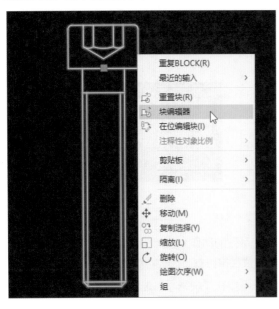
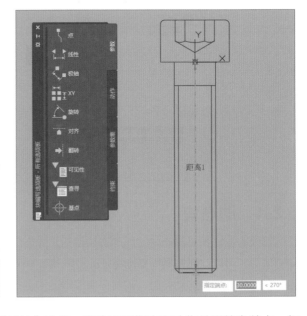

步骤 03 接下来在"动作"选项卡中选择添加"拉伸"动作，首先需要指定和动作关联的参数点，如下页左上图所示。

步骤 04 指定关联点后，需要分别指定拉伸框架的两个点，如下页右上图所示。

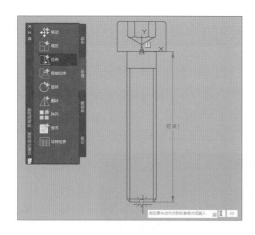 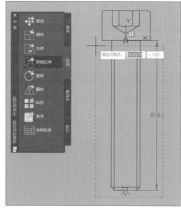

步骤 05 然后需要选择进行拉伸的对象，如下左图所示。

步骤 06 接下来按回车键，在图块的下方会出现拉伸动作的标识，标志着此时动态图块已经创建完成，如下右图所示。

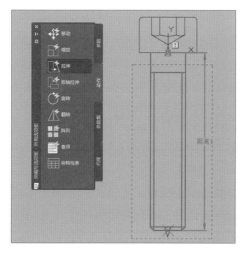 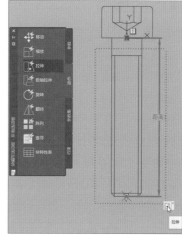

步骤 07 单击"块编辑器"选项卡最右侧的"关闭块编辑器"按钮，并在弹出的"块-未保存更改"警告框中选择"将更改保存到圆柱头内六角螺栓"选项，如下左图所示。

步骤 08 退出块编辑器后，在绘图区域中复制圆柱头内六角螺栓两次，并通过拖拽图块上的动态关联点进行拉伸，如下右图所示。

 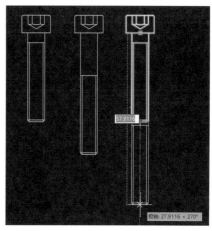

5.3 块属性的编辑和管理

除了可以单独地创建图块，还可以创建含有属性定义的图块，即为普通图块赋予属性，比如在建筑绘图时，需要插入轴号及标高；在机械制图中，需要插入图号和粗糙度等。这些也是大量重复的工作，通过创建带有属性定义的图块，可以高效地完成工作，如下图所示。

属性块包括图形文件和属性文字，在创建属性块时必须包括这两部分。

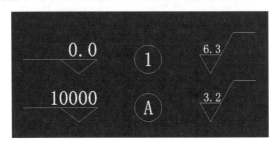

5.3.1 块属性的编辑

属性是与块相关联的文字信息。属性定义是创建属性的样板，它指定属性的特性及插入块时系统将显示什么样的提示信息。定义块的属性是通过"属性定义"对话框来实现的，先建立一个属性定义来描述特征，包括标记、提示符、属性值、文本格式、位置以及可选模式等。用户可通过以下方法打开"属性定义"对话框。

● 在功能区的"插入"选项卡中，单击"块"面板中的"定义属性"按钮 。
● 在功能区的"默认"选项卡中，单击"块定义"面板中的"定义属性"按钮 。
● 在菜单栏中执行"绘图>块>定义属性"命令。
● 在命令窗口中输入"ATTDEF"命令，并按回车键或空格键。

执行以上任意一种操作后，即可打开"属性定义"对话框，如下图所示。

"属性定义"对话框包括"模式""属性""插入点"和"文字设置"4个选项组，以及"在上一个属性定义下对齐"复选框，下面将对"属性定义"对话框中常用选项的含义进行详细讲解。

（1）"模式"选项组

"模式"选项组包括多个复选框，分别勾选这些复选框，可以在插入块时，对与块关联的属性值进行设置，下面将对各复选框的含义进行讲解。

- **不可见**：勾选该复选框，可以在插入块时不显示或打印属性值。
- **固定**：勾选该复选框，可以在插入块时赋予属性固定值。
- **验证**：勾选该复选框，可以在插入块时提示验证属性值是否正确。
- **预设**：勾选该复选框，可以在插入包含预设属性值的块时，将"默认"文本框中输入的默认值自动设置为实际属性值，不再要求用户输入新值。
- **锁定位置**：勾选该复选框，可以锁定块参照中属性的位置。
- **多行**：勾选该复选框后，块定义属性值可以包含多行文字，同时也可以指定属性的边界宽度。

（2）"属性"选项组

"属性"选项组中包括"标记""提示"和"默认"3个选项，这3个选项可以分别对属性数据进行设置，下面是详细讲解。

- **标记**：在这里可以对标识属性的名称进行设置，可以输入除空格以外的任意字符，同时在这里，小写字母将自动转化为大写字母。
- **提示**：在这里可以对插入包含该属性定义图块时的提示内容进行设置。如果不做设置，则标记名称将为提示内容。
- **默认**：在这里可以对默认的属性值进行设置。单击后面的"插入字段"按钮，在弹出的"字段"对话框中，可以插入一个字段作为属性全部或部分的值。在勾选"多行"复选框后，则将显示"多行编辑器"按钮，单击此按钮将弹出具有"文字格式"工具栏和标尺的在"位文字编辑器"。

（3）"插入点"选项组

在"插入点"选项组中可以对属性的位置进行设置，勾选"在屏幕上指定"复选框后，可以直接输入X值和Y值。

（4）"文字设置"选项组

"文字设置"选项组可以对属性文字的高度、对正以及样式等进行设置，下面将对"文字设置"选项组中的内容进行详细讲解。

- **对正**：在这里可以对属性文字相对于参照点的排列方式进行设置。
- **文字样式**：在这里可以对属性文字的预定义样式进行设置。显示当前加载的文字样式。
- **注释性**：勾选该复选框，可以将属性文字指定为注释性。
- **文字高度**：在这里可以对属性文字的高度进行设置。
- **旋转**：在这里可以对属性文字的旋转角度进行设置。
- **边界宽度**：在换行至下一行前，可以对多行文字属性中的一行文字的最大长度进行设置。

5.3.2 块属性的管理

当图块中包含属性定义时，属性将作为一种特殊的文本对象也一同被插入。如果需要修改，可以使用"块属性管理器"对话框对已经定义的块属性进行编辑，然后使用"增强属性管理器"工具对属性标记赋予新值，下面将对这两个对话框的内容进行讲解。

（1）块属性管理器

当编辑图形文件中多个图块的属性定义时，可以在"块属性管理器"对话框中重新设置属性定义的构成、文字特性和图形特性等属性，用户可以通过以下方法打开"块属性管理器"对话框。

- 在功能区的"插入"选项卡中，单击"块定义"面板中的"管理属性"按钮。
- 在菜单栏中执行"修改>对象>属性>块属性管理器"命令。
- 在命令窗口中输入"BATTMAN"命令后，按回车键或空格键。

执行上述任一操作后，即可打开"块属性管理器"对话框，如下图所示。

下面将对"块属性管理器"对话框中的常用选项进行详细讲解。

- **块**：在这里列出了当前图形文件中所有包含属性的图块。
- **属性列表**：在这里显示所选属性块中的每个属性的特性。
- **编辑**：单击该按钮，可打开"编辑属性"对话框，从中可以修改属性特性，如下左图所示。
- **设置**：单击该按钮可以打开"块属性设置"对话框，在这里可以设定需要显示的属性，如下右图所示。

（2）增强属性编辑器

增强属性编辑器功能主要用于编辑块定义的标记和值属性，与块属性管理器设置方法基本相同。在"增强属性编辑器"对话框的顶部显示所选块参照的名称和属性的标记。该对话框共包含3个选项卡，"属性"选项卡，用来显示属性的标记、插入块时命令行的提示和属性值，在"值"编辑框中可以修改当前块参照中属性的值；"文字选项"选项卡用来修改所选块参照所带属性的文字特性；"特性"选项卡，用来修改所选块参照所带属性的基本特性。用户可通过下列方法打开"增强属性编辑器"对话框。

- 单击"编辑属性"下拉按钮，在展开的下拉列表中单击"单个"按钮。
- 在菜单栏中执行"修改>对象>属性>单个"命令。
- 在命令窗口中输入"EATTEDIT"命令，并按回车键或空格键。
- 直接双击属性块。

执行上述任一命令后，即可打开"增强属性编辑器"对话框，如下页图片所示。

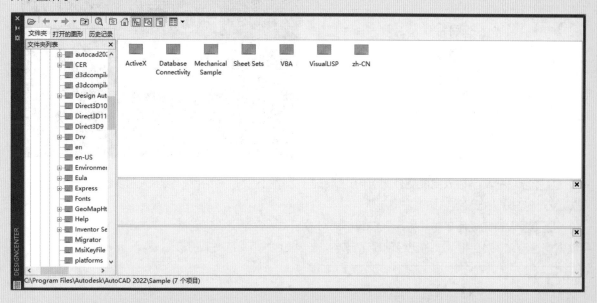

知识延伸：设计中心

在AutoCAD 2022中，除了上述的图块插入和查找方式，用户还可以在设计中心选项面板中浏览、查找、预览以及插入图块，不仅如此，其他内容包括图案填充也可以在此处进行相关操作。在菜单栏执行"工具>选项板>设计中心"命令，即可打开DESIGNCENTER选项面板，在这里可以全盘查看所需文件，如下图所示。

上机实训：绘制含属性图块的图例

通过本章的学习，相信用户对如何创建图块、动态图块以及属性图块有了一定的了解，这里将以绘制一个含属性图块的图例为例进行练习。

扫码看视频

步骤01 新建图形文件后，在"图层特性管理器"面板中创建"仪表"图层并将其设为当前图层，如下页左上图所示。

步骤02 执行"矩形"命令，并设置圆角半径为5，绘制一个圆角矩形，如下页右上图所示。

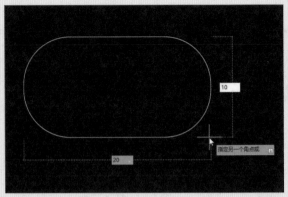

步骤 03 在菜单栏中执行"绘图>块>定义属性"命令，并在弹出的"属性定义"对话框中进行参数设置，如下左图所示。

步骤 04 在勾选了"多行"复选框后，在"默认"选项右侧单击"指定多行文字"按钮⋯，会跳转到绘图区域，创建所需的文本即可，如下右图所示。

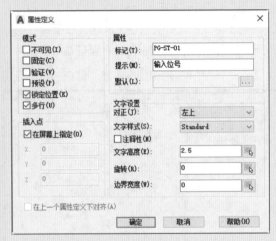
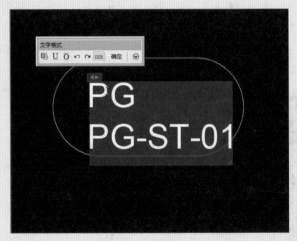

步骤 05 多行文字输入完成后，即可自动跳转至"属性定义"对话框，接下来对多行文字的高度、样式以及对齐方式进行设置，如下左图所示。

步骤 06 设置完成后单击"确定"按钮，即可关闭"属性定义"对话框。双击多行文字，此时会弹出"编辑属性定义"对话框，此时已经创建了自定义文字属性块，如下右图所示。

步骤 07 接着使用"移动"命令将属性定义文字移动到刚刚创建的圆角矩形的居中偏下的位置，如下左图所示。

步骤 08 然后执行"块定义"命令，在弹出的"块定义"对话框中对相关参数进行设置，对象需要同时包括圆角矩形和属性文字，如下右图所示。

步骤 09 创建完成后双击"压力表"图块，在弹出的"属性增强编辑器"对话框中，可以对位号进行设置，如下左图所示。

步骤 10 执行"插入"命令，选择上一步创建的图块，在弹出的"编辑属性"对话框中输入位号即可，如下右图所示。

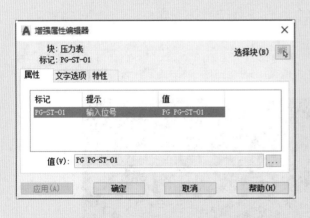
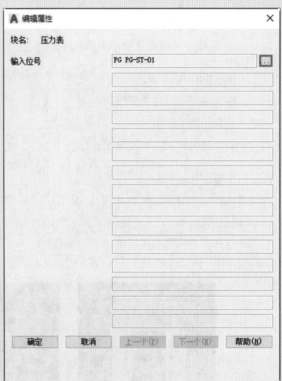

课后练习

经过本章的学习，相信用户对于图块的设计和应用有了一定的认识。下面再通过一些课后练习，对所学的知识进行巩固。

一、选择题

（1）创建内部块的命令是（   ）。

　　A. BYLAYER　　　　　　　　　　　　B. BLOCK

　　C. BYBLOCK　　　　　　　　　　　　D. CBLCOK

（2）块定义内容更改后，在当前的图形文件中其他的块定义将（   ）。

　　A. 自动更新　　　　　　　　　　　　B. 不会变化

　　C. 部分变化　　　　　　　　　　　　D. 不确定

（3）图块的编辑不包括（   ）。

　　A. 分解块　　　　　　　　　　　　　B. 重置块

　　C. 块编辑器　　　　　　　　　　　　D. 在位块编辑器

（4）下面哪一项操作无法插入图块（   ）。

　　A. 在功能区的"默认"选项卡中，单击"块定义"面板中的"插入"按钮。

　　B. 在命令窗口中输入"BLOCKSPALETTE"命令，并按回车键或空格键。

　　C. 在命令窗口中输入"INSERT"命令，并按回车键或空格键。

　　D. 直接从外部图形中将图形文件拖拽到当前图形文件中。

二、填空题

（1）块的编辑可以在块编辑器中的＿＿＿＿＿＿＿＿＿＿＿和＿＿＿＿＿＿＿＿＿＿＿中进行编辑。

（2）动态块需要分别指定＿＿＿＿＿＿和＿＿＿＿＿＿。

（3）基础的属性文字需要编辑＿＿＿＿＿、＿＿＿＿＿和＿＿＿＿＿。

三、上机题

（1）打开"上机题：外六角螺栓-M16.dwg"图形文件，将外六角螺栓创建为可以拉伸长度和阵列螺纹的动态图块，如下左图所示。

（2）打开"上机题：谐波减速器剖面视图.dwg"图形文件，合理使用实例中的外六角圆柱头螺栓，完善图形，如下右图所示。

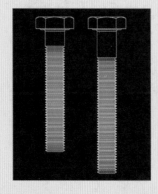 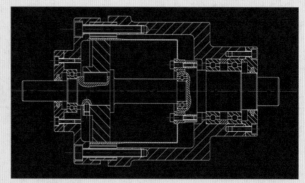

🅰 第6章 文字与表格的创建

本章概述

文字对象是AutoCAD图形中很重要的元素，是各类图纸中不可缺少的组成部分。添加文字标注时，用户可以通过键盘键入而不需要"画"出文字，从而提高绘图效率，更清晰地表达出绘图的各种信息。

核心知识点

❶ 设置文字样式
❷ 创建并编辑单行文字
❸ 创建并编辑多行文字

6.1 文字样式的创建和编辑

在为图形文件添加文字标注之前，应先对文字样式进行设置，从而方便、快捷地对图形对象进行标注。文字样式的编辑包括对文字字体、大小和效果等进行设置。

在AutoCAD 2022中，可以使用"文字样式"对话框来创建和修改文字样式。用户可以通过以下方法打开"文字样式"对话框。

- 在功能区的"默认"选项卡中，单击"注释"面板中的"文字样式"按钮🅰。
- 在菜单栏中执行"格式>文字样式"命令。
- 在命令窗口中输入"STYLE"命令，然后按回车键或空格键。

执行以上任意一种操作后，即可打开"文字样式"对话框，如右图所示。接下来将对"文字样式"对话框的应用进行讲解。

（1）文字样式的基础操作

文字样式的基础操作包括文字样式的新建、预览和置为当前等。下面将对文字样式的基础操作进行详细讲解。

- **样式：** 在样式列表中可以看到当前图形文件加载的所有文字样式，如果样式名前有🅰图标，则表示该文字样式为注释性。
- **样式过滤器：** 在这里可以筛选过滤当前正在使用的文字样式和所有文字样式。
- **预览：** 在这里可以看到文字样式设置后的预览效果。
- **置为当前：** 可以将选中的文字样式置为当前使用的文字样式。
- **新建：** 用于新建文字样式，单击"新建"按钮，打开"新建文字样式"对话框，如下页左上图所示。在该对话框中输入文字样式名，然后单击"确定"按钮。
- **删除：** 用于删除不再使用的文字样式，单击"删除"按钮。在弹出的"acad警告"对话框中单击"确定"按钮即可，如下页中上图所示。
- **对文字样式重命名：** 在文字样式列表中，选中需要进行重命名的文字样式，右击并在弹出的快捷菜单中执行"重命名"命令即可，如下页右上图所示。
- **应用：** 用于将当前的文字样式应用到AutoCAD正在编辑的图形中。
- **取消：** 放弃文字样式的设置并关闭"文字样式"对话框。

- **关闭**：关闭"文字样式"对话框，同时保存对文字样式的设置。

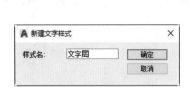  

（2）文字字体的设置

文字样式中文字字体的设置主要是对文字的字体和字体样式进行设置。一般来说，系统中可使用的字体文件分为两种：一种是普通字体，即True Type字体文件；另一种是AutoCAD特有的字体文件（.shx）。这一部分主要是在"文字样式"对话框的"字体"选项组中进行操作，各选项功能介绍如下。

- **字体名**：选择当前文字样式所用的字体，列出了Windows注册的True Type字体文件和AutoCAD特有的字体文件（.shx）。在字体名中，有一类字体前带有@符号，如果选择了该类字体样式，则标注的文字效果为向左旋转90°。
- **字体样式**：对字体样式进行设置，包括斜体、粗体、粗斜体或常规字体。

（3）文字大小的设置

文字样式中文字大小的设置主要是对文字的高度进行设置，同时可以根据需要勾选"注释性"复选框后，继续勾选"使文字方向与布局匹配"复选框。这一部分主要是在"文字样式"对话框的"大小"选项组中进行操作，各选项功能介绍如下。

- **注释性**：指定当前文字样式的文字为注释性。
- **使文字方向与布局匹配**：指定图纸空间视口中的文字方向与布局方向匹配。
- **高度**：用于设置文字的高度。一般来说，文字样式中文字高度的默认值为0。但是在文字标注时，文字高度的默认值为2.5mm，在这里可以根据需要进行设置。

（4）文字效果的设置

文字样式中文字效果的设置包括文字的颠倒、反向、垂直、宽度因子及倾斜角度等。这一部分主要是在"文字样式"对话框的"效果"选项组中进行操作，各选项功能介绍如下。

- **颠倒**：勾选该复选框可以颠倒文字，即将文字沿着底部垂直线进行镜像，下左图是文字颠倒后的预览效果。
- **反向**：勾选该复选框可以反向文字，即将文字沿着右侧水平线进行镜像，下中图是文字反向后的预览效果。
- **垂直**：只有在选定字体支持双向时（True Type字体的垂直定位不可用）才可勾选"垂直"复选框，下右图为设置文字垂直后的预览效果。

- **宽度因子**：在这里可以对字符的间距进行设置，当输入的值小于1.0时，将压缩文字间距；当输入的值大于1.0时，将扩大文字间距，下页左上图为设置"宽度因子"为1.2的预览效果。

● **倾斜角度：** 在这里对字符的倾斜角度进行设置，输入-85到85之间的任意值即可将文字倾斜，下右图为设置字体的倾斜角度为40的预览效果。

AaBb123   *AaBb123*

6.2 单行文字的创建和编辑

单行文字中每一行都作为一个独立的文字对象，并可对每个文字对象进行单独修改，一般用于简短的注释。这一节将对如何创建与编辑单行文字进行详细讲解。

6.2.1 单行文字的创建

一般来说，单行文字的创建方法有如下几种。

● 在功能区的"默认"选项卡中，单击"注释"面板中的"单行文字"按钮 A 。
● 在功能区的"注释"选项卡中，单击"文字"面板中的"单行文字"按钮 A 。
● 在菜单栏中执行"绘图>文字>单行文字"命令。
● 在命令窗口中输入"TEXT"命令，然后按回车键或空格键。

执行上述任一操作后，命令窗口中命令行的提示如下图所示。

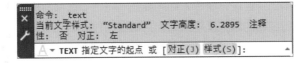

其中，命令行各选项含义如下。

● **指定文字的起点：** 该选项用于指定单行文字在图形文件中的起点，在绘图区域中单击一点作为起点，确定文字的高度后，将指定文字的旋转角度，输入文字内容后按回车键即可完成创建。
● **对正：** 该选项用于对正文字的基点，即文字的起点位于单行文字具体的位置。对正方式包括居中、中间等。
● **样式：** 该选项用于指定文字样式，文字样式可以确定文字字符的外观。创建的文字使用当前文字样式。输入"？"接着再输入文字样式名称，可以列出当前文字样式、关联的字体文件、字体高度及其他的参数。

用户在进行文字输入的过程中，时常会用到一些具有特殊含义的字符，例如直径、上下划线、角度、标注等，而且这些特殊字符一般不能直接由键盘输入。所以AutoCAD为用户提供了相应的控制符，以实现这些特殊字符快速标注。

执行"单行文字"命令并设置文字的字号后，在命令行提示中输入特殊字符的代码，即可完成操作，如下表所示。

字符代码	标注的特殊字符	字符代码	标注的特殊字符
%%O	文字上划线打开或关闭	\u+2260	不相等
%%U	文字下划线打开或关闭	\u+0394	差值

（续表）

字符代码	标注的特殊字符	字符代码	标注的特殊字符
%%D	度(°)	\u+2104	中心线
%%%	百分号(%)	\u+E100	边界线
%%C	直径(Φ)	\u+0278	电相位
%%P	正负号(±)	\u+2126	欧姆
\u+2220	角度	\u+03A9	欧米伽（Ω）

6.2.2 单行文字的编辑

创建单行文字后，可以再次对文字的内容、对正方式以及缩放比例等进行修改和编辑。下面将对如何编辑单行文字进行详细讲解。

（1）仅对文字内容进行修改

由于这里是单行文字，因此主要修改文字的内容，用户可以通过以下方法对文字内容进行修改。

- 直接双击需要进行修改的单行文字。
- 在菜单栏中执行"修改>对象>文字>编辑"命令。
- 在命令窗口中输入"DDEDIT"命令，并按回车键或空格键。

执行以上任意一种操作后，即可进入编辑状态，接下来便可以对文字内容进行修改。

（2）用"特性"选项面板编辑单行文字

如果需要对单行文字的其他特性进行修改，则需要在"特性"选项面板中进行修改。在选择需要进行编辑的单行文字后，用户可以通过以下方法打开"特性"选项面板。

- 右击并在弹出的快捷菜单执行"特性"命令。
- 在命令窗口中输入"PROPERTIES"命令，并按回车键或空格键。

执行以上任意一种操作后，即可打开"特性"选项组，如右图所示。其中各选项的功能介绍如下。

- **常规**：在这里可以对单行文字的颜色和所属的图层进行修改。
- **三维效果**：在这里可以对三维材质进行设置。
- **文字**：在这里可以对文字的内容、样式、对正、高度、旋转、倾斜和宽度因子进行修改。

6.3 多行文字的创建和编辑

单行文字是不能进行自动换行的，在手动换行之后，将再次生成一个单行文字，即此时有两个文字对象，而非单一文字对象，因此在需要较长的文字标注时需要选用多行文字。在创建多行文字标注前，需要先指定文字边框的两个对角点，文字边框对多行文字对象中段落的宽度进行了定义，可以自动换行，也可手动换行，但最终编辑文字始终为单一对象。多行文字的编辑可在"文字编辑器"面板和"特性"选项面板中进行编辑。下面将对如何创建和编辑多行文字进行详细讲解。

6.3.1　多行文字的创建

一般来说，多行文字的创建方法有如下几种。

● 在功能区的"默认"选项卡中，单击"注释"面板中的"多行文字"按钮。
● 在功能区的"注释"选项卡中，单击"文字"面板中的"多行文字"按钮。
● 在菜单栏中执行"绘图>文字>多行文字"命令。
● 在命令窗口中输入"MTEXT"命令，并按回车键或空格键。

执行上述任一操作后，命令窗口中的命令行提示如下图所示。

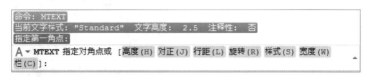

其中，命令行中常用选项含义介绍如下。

● **高度**：在这里可以对多行文本的文字高度即文字的大小进行设置。
● **对正**：在这里可以对多行文本的排列方式进行设置。
● **行距**：在这里可以对多行文字对象的行距进行设置。行距是一行文字的底部（或基线）与下一行文字底部之间的垂直距离。
● **旋转**：在这里可以对多行文本的旋转角度进行设置。
● **样式**：在这里可以对多行文字的文字样式进行设置。

接下来在绘图区通过指定对角点框选出文字输入范围，在文本框中即可输入文字，如下左图所示。同时在系统自动打开的"文字编辑器"选项卡中可对文字的样式、段落、格式等属性进行设置，如下右图所示。

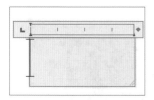

6.3.2　多行文字的编辑

创建多行文字后，也可以再次对文字的内容、对正方式以及缩放比例等进行修改和编辑。多行文字的编辑和修改可以使用"文字编辑器"选项卡和"特性"选项面板，下面将对这两种编辑方式进行详细讲解。

（1）使用"文字编辑器"选项卡编辑多行文字

创建多行文字时，已经使用了"文字编辑器"选项卡，那么再次打开"文字编辑器"选项卡可以通过以下几种方法。

● 直接双击需要进行修改的多行文字。
● 在菜单栏中执行"修改>对象>文字>编辑"命令。
● 在命令窗口中输入"DDEDIT"命令，并按回车键或空格键。

执行以上任意一种操作后，即可再次打开"文字编辑器"选项卡，接下来可对文字内容进行修改。

（2）使用"特性"选项面板编辑多行文字

如果需要对多行文字的其他特性进行修改，需要在"特性"选项面板中进行修改。打开"特性"选项面板的方法和上一节是一样的，同时"特性"选项面板的内容也是一样的，这里不做赘述。在选择需要进行编辑的多行文字后，打开"特性"选项面板进行设置即可，如右图所示。

实战练习 为机械图纸添加文字说明

学习了文字的创建和编辑的相关操作后，相信用户对如何创建和修改单行/多行文字有了一定的认识。下面将以在机械图纸添加文字说明为例，对如何添加和修改文字做详细讲解。

步骤 01 打开"吊耳.dwg"素材图形文件后，在标题栏中找到"材质"多行文字，双击文字，将其修改为"焊接件"，如下左图所示。

步骤 02 同时在"文字编辑器"中对它的对正方式进行设置，这里设置为"居中"，如下右图所示。

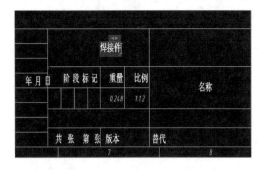

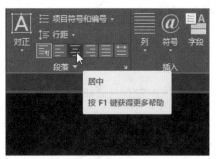

步骤 03 打开"特性"选项面板，将文字的对正方式设置为中上，如下左图所示。

步骤 04 执行"移动"命令，将其移动到当前窗格的正中间，如下右图所示。

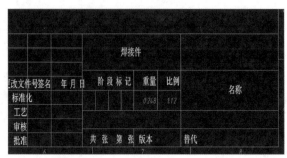

步骤 05 将"名称"多行文字改为"吊耳",特征参数和上一个一致,如下左图所示。

步骤 06 接下来为图纸添加技术要求文本,创建多行文字并对文字的对正方式等进行设置,如下右图所示。

6.4 表格样式的创建和编辑

在创建表格之前,需要对表格样式进行创建和编辑,这一节将对表格样式的创建和编辑方法进行讲解。

6.4.1 表格样式的创建

表格样式的创建主要是在"表格样式"对话框中进行的,用户可以通过以下几种方法打开"表格样式"对话框。

- 在功能区的"默认"选项卡中,单击"注释"面板中的"表格样式"按钮⊞。
- 在功能区的"注释"选项卡中,单击"表格"面板中的"表格样式"按钮⊞。
- 在菜单栏中执行"格式>表格样式"命令。
- 在命令窗口中输入"TABLESTYLE"命令,然后按回车键或空格键。

使用上述任一方法操作后,即可弹出"表格样式"对话框,如右图所示。下面将对"表格样式"对话框相关选项的含义进行讲解。

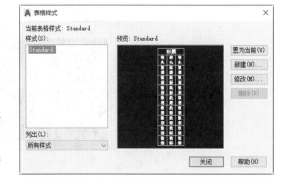

- **样式**:在这里显示所有表格样式列表,被置为当前的表格样式会被高亮显示。
- **列出**:在这里可以筛选过滤当前正在使用的表格样式和所有表格样式。
- **预览**:在这里可以显示"样式"列表中选定表格样式的预览表格图像。
- **置为当前**:在这里可以将"样式"列表中选定的表格样式设定为当前样式,同时所有新建表格都将使用此表格样式作为基础样式创建。
- **新建**:单击"新建"按钮,即可弹出"创建新的表格样式"对话框。
- **修改**:单击"修改"按钮,即可弹出"修改表格样式"对话框。
- **删除**:删除"样式"列表中选定的表格样式,但需要注意的是不能删除图形中正在使用的表格样式。

创建表格样式仅需单击"新建"按钮,在弹出的"创建新的表格样式"对话框中输入表格样式名,如下左图所示。接下来单击"继续"按钮，在弹出的"新建表格样式：标题栏"对话框中进行设置，如下右图所示。

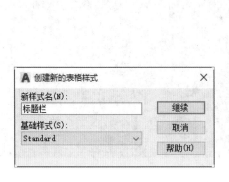

- **起始表格**：在这里可以对起始的基础表格进行选择和设置。
- **常规**：在这里可以对表格的方向进行设置。默认情况下方向为"向下"，此时表格的标题栏在表格的最上方。
- **单元样式**：在这里可以分别对"标题""表头"以及"数据"等单元样式的常规特性、文字特性以及边框特性进行设置。

6.4.2 表格样式的编辑

编辑表格样式需要在"表格样式"对话框中单击"修改"按钮，在弹出的"修改表格样式：标题栏"对话框中设置，如下图所示。"修改表格样式"对话框和"新建表格样式：标题栏"对话框是一样的。接下来根据需要进行修改即可。

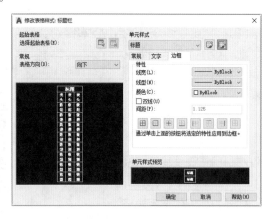

6.5 表格的创建和编辑

完成对表格样式的设置之后便可以开始绘制表格了，下面将对如何创建和编辑表格进行详细讲解。

6.5.1 表格的创建

用户可以通过以下方式执行"表格"命令。

- 在"默认"选项卡的"注释"面板中单击"表格"按钮。

- 在"注释"选项卡的"表格"面板中单击"表格"按钮。
- 在菜单栏中执行"绘图>表格"命令。
- 在命令窗口中输入"TABLE"命令，并按回车键或空格键。

执行上述任一操作，都会打开"插入表格"对话框，在对话框中设置表格的列数和行数即可插入，如右图所示。

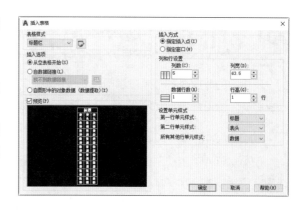

6.5.2 表格的编辑

在工程文件设计过程中，对表格的使用经常需要根据实际需求进行调整，所以用户会对表格对象进行修改，以满足需求。在调整表格时通常包括修改表格特性以及修改单元格特性。

（1）修改表格特性

在AutoCAD中，用户可以使用"特性"选项面板或使用夹点编辑表格模式对表格特性进行修改。

① "特性"选项面板　　在"特性"选项面板中，表格的所有属性都可以修改，包括图层、颜色、行数、列数、样式等。双击任意一条表格线，系统将弹出"表格特性"选项面板，如下左图所示。用户可以根据需要对表格的颜色、图层、线型等进行修改。

② 夹点编辑表格模式　　在夹点编辑表格模式下，用户可以将表格的左边想象成稳定的一边，表格右边则是活动的，左上角的夹点为整个表格的基点，通过基点可以对表格进行移动、水平拉伸、垂直拉伸等编辑。单击表格任意一条线，在表格的拐角处和其他几个单元的连接处可以看到夹点，如下右图所示。

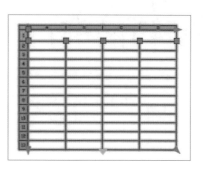

（2）修改单元格特性

表格创建完成后，用户可根据需要对表格进行编辑修改操作。单击表格内部任意单元格，系统会打开"表格单元"选项卡，如下图所示。在该选项卡中，用户可根据需要对表格的行列及独立的单元格样式等参数进行设置。

知识延伸：在表格中添加内容

表格中的数据内容都是在表格单元格中添加的，表格单元格中不仅可以包含文本、数值等信息，还可以包含多个块内容。下面分别介绍在表格中添加数据和插入块的操作方法。

（1）添加数据

在AutoCAD 2022中创建表格后，会高亮显示表格的第一个单元格，在功能区显示"文字编辑器"选项卡包括设置文字样式、格式、段落等功能按钮。此时用户可以直接在单元格中输入文本。当要移动选择单元格时，可以按Tab键或按键盘上的向上、向下、向左或向右键，也可以直接双击某个单元格将其激活，再输入内容。在表格中输入数据，如下图所示。

（2）插入块

选中表格的单元格后，在"表格单元"选项卡的"插入"选项组中单击"块"按钮，如下左图所示。打开"在表格单元中插入块"对话框，单击的"浏览"按钮，如下右图所示。

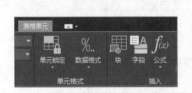
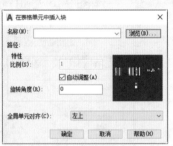

在打开的"选择图形文件"对话框中选择需要插入的块，单击"打开"按钮，如下图所示。即可将块插入到选中单元格中。块会自动适应单元格的大小，用户也可以调整单元格大小以适应插入的块，并且可以将多个块插入到同一个单元格中。

上机实训：创建灯具图标示意表格

本章学习了文本和表格的创建和编辑的相关知识，通过上机实训可以进一步巩固表格的创建和文字输入时使用到的设置文字样式、设置表格样式、创建表格等功能，下面介绍具体操作方法。

扫码看视频

步骤 01 执行"格式>文字样式"命令，打开"文字样式"对话框，设置字体名为"宋体"，字体样式为"常规"，字高为20，依次单击"应用""置为当前"按钮，如下左图所示。

步骤 02 单击"新建"按钮，打开"新建文字样式"对话框，输入新的文字样式名为"标题"，然后单击"确定"按钮，如下右图所示。

步骤 03 新建"标题"文字样式，设置字体名为"黑体"，字体样式为"常规"，文字高度为20，然后单击"关闭"按钮，如下左图所示。

步骤 04 在打开的提示对话框中单击"是"按钮，进行保存。执行"格式>表格样式"命令，打开"表格样式"对话框，单击"修改"按钮，如下右图所示。

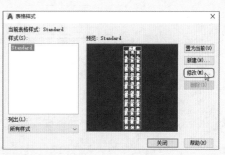

步骤 05 打开"修改表格样式"对话框，设置"单元样式"为"数据"。在"常规"选项卡中，设置"对齐"为"正中"，设置页边距的水平及垂直值都为8，在左侧可以预览表格样式及文字效果，如下左图所示。

步骤 06 将"单元样式"中的"表头"设置和"数据"的参数一致，如下右图所示。

步骤 07 选择"标题"单元样式，在"常规"选项卡中设置的数值同"数据"的参数一致。切换到"文字"选项卡，将"文字样式"修改为"标题"，然后单击"确定"按钮，如下左图所示，至此表格样式的设置完成，依次关闭对话框即可。

步骤 08 单击"默认"选项卡"注释"选项组中的表格按钮▦，打开"插入表格"对话框，设置"列数"为2，"列宽"为150，"数据行数"为7，最后单击"确定"按钮，如下右图所示。

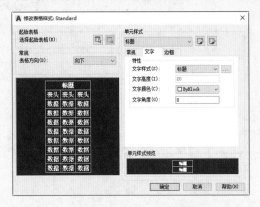
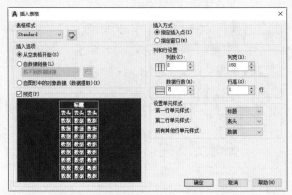

步骤 09 在绘图区域指定表格的基点，插入表格，如下左图所示。

步骤 10 指定基点后插入完成，表格会自动进入编辑状态，输入文字内容，如下右图所示。

步骤 11 接着在表头栏及数据栏中双击，输入文字内容。在输入文字时，文字可自动换行，如下左图所示。

步骤 12 在命令行中输入"i"，按回车键或空格键，插入灯具图块。也可通过"插入"选项卡的"块"面板中单击"插入"按钮进行图块插入，如下中图所示。

步骤 13 根据图标大小调整块的统一比例，将灯具图块对应放置到表格中，如下右图所示。

课后练习

一、选择题

（1）在功能区的"默认"选项卡中，单击"注释"面板中的（ ）按钮，打开"文字样式"对话框。

　　A. 文字样式　　　　　　　　　　　B. 表格样式

　　C. 标注样式　　　　　　　　　　　D. 文字格式

（2）如果需要对单行文字的其他特性进行修改，则需要在"特性"选项面板中进行修改，"特性"选项面板包括（ ）。

　　A. 常规　　　　　　　　　　　　　B. 三维效果

　　C. 文字　　　　　　　　　　　　　D. 以上都是

（3）创建多行文本时，在命令行中输入的快捷命令为（ ）。

　　A. TEX　　　　　　　　　　　　　B. MTEXT

　　C. OP　　　　　　　　　　　　　　D. X

（4）表格创建完成后，用户可根据需要对表格进行编辑和修改操作。单击表格内部任意单元格，系统会打开（ ）选项卡。

　　A. 表格样式　　　　　　　　　　　B. 表格格式

　　C. 表格单元　　　　　　　　　　　D. 以上都不是

二、填空题

（1）在命令窗口中输入＿＿＿＿＿＿命令，然后按回车键或空格键，创建单行文字。

（2）当需要对文字进行编辑时，双击文字，会打开＿＿＿＿＿＿选项卡。

（3）在命令窗口中输入＿＿＿＿＿＿命令，按回车键或空格键，会打开"插入表格"对话框。

三、上机题

　　在"上机题-原始.dwg"文件中，利用单行文字为各元素添加说明文字，利用多行文字在图纸的右下角添加建筑的总说明文字，效果如下图所示。

第7章 尺寸标注的创建

本章概述

尺寸标注是绘制图形对象中必不可少的一项，而这一章，我们将学习如何为图形对象添加尺寸标注，包括如何创建和编辑标注样式，同时还将学习如何创建和编辑多重引线。

核心知识点

❶ 创建和编辑标注样式
❷ 绘制尺寸标注
❸ 编辑标注对象
❹ 创建和编辑多重引线

7.1 标注尺寸的创建和编辑

在创建尺寸标注之前，首先需要创建标注样式。标注样式是关于所需标注的相关设置的集合。尽管标注尺寸可以根据需要进行修改，但是为了统一并确保标注符合行业或工程标准，需要预先创建和编辑标注样式。在创建标注样式并开始使用后，需要注意以下几点。

- 标注将会使用当前的标注样式。
- 在编辑并更新标注样式后，图形对象中对应的标注也将会自动使用更新后的样式。
- 在同一个标注样式下，可以创建标注子样式，为不同类型的标注指定不同的样式。

7.1.1 标注样式的创建

标注样式的创建是在"标注样式管理器"对话框中进行的，用户可以通过以下几种方式打开"标注样式管理器"对话框。

- 在功能区的"默认"选项卡中，单击"注释"面板中的"标注样式"按钮 。
- 在功能区的"注释"选项卡中，单击"标注"面板中的下拉箭头按钮 。
- 在菜单栏中执行"格式>标注样式"命令。
- 在命令窗口中输入"DIMSTYLE"命令，并按回车键或空格键。

执行以上任意一种操作后，即可打开"标注样式管理器"对话框，如下左图所示。接下来单击"新建"按钮，会弹出"创建新标注样式"对话框，如下右图所示。

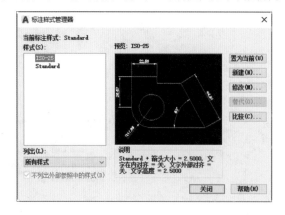
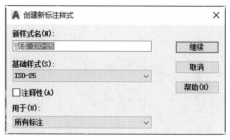

在"创建新标注样式"对话框中，用户可以对新标注样式进行基础设置，下面将对"创建新标注样式"对话框中常用选项的含义进行详细讲解。

- **新样式名**：在这里输入新标注样式的名称。
- **基础样式**：在这里可以对新标注样式所参照的基础样式进行设置。
- **注释性**：勾选该复选框，可以将当前标注样式设置为注释性。
- **用于**：在这里设置当前标注样式所应用的子样式，比如设置当前标注样式仅应用于线性标注。
- **继续**：单击该按钮可以打开"新建标注样式：副本ISO-25"对话框，在打开的对话框中根据需要进行更多设置。

7.1.2 "新建标注样式"对话框

在打开"新建标注样式"对话框后，可以看到该对话框分为"线""符号和箭头""文字""调整""主单位""换算单位""公差"7个选项卡。下面将对这7个选项卡的应用分别进行详细讲解。

（1）"线"选项卡

在"线"选项卡中，可以对尺寸线、尺寸界线的相关参数进行设置，如右图所示。下面将对各选项组进行详细讲解。

① **"尺寸线"选项组**　在"尺寸线"选项组中可以对尺寸线的特性进行设置，包括颜色、线宽、超出标记以及基线间距等特征参数，还可控制是否隐藏尺寸线。

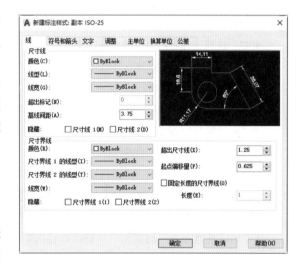

- **颜色**：在这里可以对尺寸线的颜色进行设置。
- **线型**：在这里可以对尺寸线的线型进行设置。
- **线宽**：在这里可以对尺寸线的线宽进行设置。
- **超出标记**：当标注尺寸箭头使用倾斜、建筑标记和无标记时，可以对尺寸线超过尺寸界限的距离进行设置。
- **基线间距**：在这里可以对基线标注的尺寸线之间的间距进行设置。
- **隐藏**：勾选该复选框，可以将尺寸线进行隐藏。

② **"尺寸界线"选项组**　在"尺寸界线"选项组中可以对尺寸界线的特性进行设置，包括颜色、线宽、超出尺寸线以及起点偏移量等特征参数，这里对部分选项组进行讲解，重复之处不再赘述。

- **超出尺寸线**：在这里可以对尺寸界线超出尺寸线的距离进行设置。
- **起点偏移量**：在这里对标注的点到尺寸界线的偏移距离进行设置。
- **固定长度的尺寸界线**：勾选该复选框，可以启用固定长度的尺寸界线，激活"长度"选项，对尺寸界线的总长度进行设置。

（2）"符号和箭头"选项卡

在"符号和箭头"选项卡中，可以对箭头的形式、大小进行设置，同时也可以对圆心标记、折断标注以及弧长符号等特征参数进行设置，如下页图片所示。下面将对"符号和箭头"选项卡中各选项组进行详细讲解。

① **"箭头"选项组**　在"箭头"选项组中可以对箭头的形式、大小进行设置，下面将对"箭头"选项组的各选项进行详细讲解。

- **第一个**：在这里可以对标注尺寸中的第一个箭头的形式进行设置，在下拉菜单中根据各行业绘图标注选择对应的箭头块。
- **第二个**：在这里可以对标注尺寸中的第二个箭头进行设置，设置方法同上。
- **引线**：在这里可以对标注尺寸中的引线箭头进行设置，设置方法同上。
- **箭头大小**：在这里可以对箭头的大小进行设置。

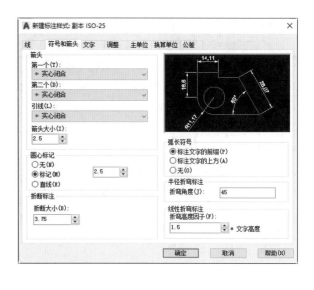

②**"圆心标记"选项组**　在"圆心标记"选项组中可以对直径标注、半径标注的圆心标记以及中心线的特征参数进行设置，下面将对"圆心标记"选项组中的各选项进行详细讲解。

- **无**：选择该单选按钮，将不会创建圆心标记。
- **标记**：选择该单选按钮，将创建圆心标记，同时在右侧的文本框中可对圆心标记的大小进行设置。
- **直线**：选择该单选按钮，将创建圆中心线，同时在右侧的文本框中可对圆中心线的大小进行设置。

③**"折断标注"选项组**　在"折断标注"选项组中，可以对折断标注的间隙宽度进行设置。

④**"弧长符号"选项组**　在"弧长符号"选项组中，可以对弧长符号的位置进行设置，下面将对"弧长符号"选项组的各选项进行详细讲解。

- **标注文字的前缀**：选择该单选按钮，可以将弧长符号放置在标注文字的前面。
- **标注文字的上方**：选择该单选按钮，可以将弧长符号放置在标注文字的上方。
- **无**：选择该单选按钮，将不会显示弧长符号。

⑤**"半径折弯标注"选项组**　在"半径折弯标注"选项组中可以对折弯（Z字形）半径标注的角度进行设置。

⑥**"线性折弯标注"选项组**　在"线性折弯标注"选项组中可以对线性标注折弯的折弯高度因子的高度进行设置。

（3）"文字"选项卡

在"文字"选项卡中，可以对文字的样式、颜色、位置等特征参数进行设置，如右图所示。下面将对"文字"选项卡中各选项组进行详细讲解。

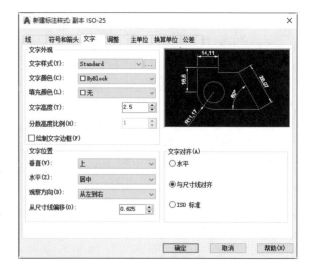

①**"文字外观"选项组**　在"文字外观"选项组中，可以对标注文字的样式、颜色、高度等属性进行设置，下面将对"文字外观"选项组中的各选项进行详细讲解。

- **文字样式**：在这里可以对文字样式进行设置，在下拉菜单中选择已经创建的文字样式。也可以单击"显示'文字样式'对话框"按钮，打开"文字样式"对话框进行进一步设置。

- **文字颜色**：在这里可以对文字的颜色进行设置。
- **填充颜色**：在这里可以对文字的背景填充颜色进行设置，默认状态下无填充颜色。
- **文字高度**：在这里可以对文字的高度进行设置。
- **分数高度比例**：当标注文字中有分数时，在这里可以对分数的高度进行设置。
- **绘制文字边框**：勾选该复选框可以创建标注文字边框。

②**"文字位置"选项组**　"文字位置"选项组可以对文字的垂直位置、水平位置、观察方向以及文字从尺寸线偏移的距离等进行设置，下面将对"文字位置"选项组中的各选项进行详细讲解。

- **垂直**：在这里可以对标注文字相对尺寸线的垂直位置进行设置。
- **水平**：在这里可以对标注文字在尺寸线上相对于尺寸界线的水平位置进行设置。
- **观察方向**：在这里可以对标注文字的观察方向进行设置。"从左到右"选项是按照从左到右阅读的方式放置文字，"从右到左"选项是按照从右到左阅读的方式放置文字。
- **从尺寸线偏移**：在这里可以对当前标注文字的间距进行设置，文字间距是指当尺寸线断开以容纳标注文字时，标注文字周围的距离。

③**"文字对齐"选项组**　"文字对齐"选项组可以对标注文字相对于尺寸界线的位置进行设置，下面将对"文字对齐"选项组中的各选项进行详细讲解。

- **水平**：选择该单选按钮，文字将水平放置。
- **与尺寸线对齐**：选择该单选按钮，文字将相对于尺寸界线对齐放置。
- **ISO标准**：当标注文字在尺寸界线内时，与尺寸线对齐；当标注文字在尺寸界线外时，水平排列。

（4）"调整"选项卡

如果在尺寸界线之间没有足够的空间放置箭头和文字，那么可以在"调整"选项卡中，对箭头以及文字相对于尺寸界线的位置进行设置，如右图所示。下面将对"调整"选项卡中各选项组进行详细讲解。

①**"调整选项"选项组**　在"调整选项"选项组中有多个单选按钮，选择对应的单选按钮即可将该项移出尺寸界线，比如选择"箭头"单选按钮后可以将箭头移出尺寸界线。

②**"文字位置"选项组**　如果标注尺寸中，文字不在默认的位置，可以在"文字位置"选项组中对文字的位置进行设置。下面将对"文字位置"选项组中的各选项进行详细讲解。

- **尺寸线旁边**：选择该单选按钮，可以将文字放置在尺寸线旁边。
- **尺寸线旁上方，带引线**：选择该单选按钮，可以将文字放置在尺寸线上方，同时会有引线引出。
- **尺寸线旁上方，不带引线**：选择该单选按钮，可以将文字放置在尺寸线上方，但是不会有引线引出。

③**"标注特征比例"选项组**　"标注特征比例"选项组可以对全局标注比例值或图纸空间比例等特征属性进行设置，下面将对"标注特征比例"选项组中的各选项进行详细讲解。

- **注释性**：勾选该复选框可以设定当前标注为注释性，注释性对象和样式可以对控制注释对象在模型空间或布局中显示的尺寸和比例进行设置。

- **将标注缩放到布局**：在这里可以对标注样式的缩放比例进行设置，这个缩放比例并不更改标注的测量值。
- **使用全局比例**：根据当前模型空间视口和图纸空间之间的比例对比例因子进行设置。

④**"优化"选项组**　"优化"选项组可以对标注文字位置的其他选项进行设置，下面将对"优化"选项组中的各选项进行详细讲解。

- **手动放置文字**：在勾选该复选框后，忽略所有文字水平对正设置并把文字放在"尺寸线位置"提示下的指定位置。
- **在尺寸界线之间绘制尺寸线**：在勾选该复选框后，在绘制标注时，即使箭头放在测量点之外，也在测量点之间绘制尺寸线。

（5）"主单位"选项卡

在"主单位"选项卡中，可以对标注的精度、比例和格式等特征参数进行设置，如下图所示。下面将对"主单位"选项卡中各选项组进行详细讲解。

①**"线性标注"选项组**　在"线性标注"选项组中，可以对除角度标注以外的线性标注格式和精度进行设置。下面将对"线性标注"选项组中主要选项进行详细讲解。

- **单位格式**：在这里可以对线性标注的格式进行设置，在下拉菜单中，包括了"科学""小数""工程"以及"建筑"等选项，用户可以根据需要进行选择。
- **精度**：在这里可以对线性标注的标注精度（即小数点位数）进行设置。
- **分数格式**：在这里可以对分数格式进行设置。
- **舍入**：在这里可以对标注的舍入值进行设置。
- **前缀**：在这里可以对标注的前缀进行设置。
- **后缀**：在这里可以对标注的后缀进行设置。

② **测量单位比例**　在该选项组中可以对线性比例选项进行设置，一般来说应用于传统图形。

③**"角度标注"选项组**　"角度标注"选项组可以对角度标注的格式和精度进行设置，下面将对"角度标注"选项组中的部分选项进行详细讲解。

- **单位格式**：在这里可以对角度标注的格式进行设置。
- **精度**：在这里可以对角度标注的标注精度（即小数点位数）进行设置。

（6）"换算单位"选项卡

在"换算单位"选项卡中，勾选"显示换算单位"复选框后即可显示换算单位，同时也可以对换算单位的格式和精度进行设置。下面将对"换算单位"选项卡中常用的选项组进行详细讲解。

①**"换算单位"选项组** 在"换算单位"选项组中可以对换算单位的格式和精度进行设置，下面将对"换算单位"选项组中的主要选项进行详细讲解。

- **单位格式**：在这里可以对线性标注的格式进行设置，下拉菜单中包括了"科学""小数""工程"以及"建筑"等选项，用户可以根据需要进行选择。
- **精度**：在这里可以对换算单位的精度（即小数点位数）进行设置。
- **换算单位倍数**：在这里可以对换算比例因子进行设置。

②**"位置"选项组** "位置"选项组可以对换算单位的位置进行设置，包括在标注文字主单位的后方和下方。

（7）"公差"选项卡

在"公差"选项卡中，勾选"显示换算单位"复选框后即可显示换算单位，同时也可以对换算单位的格式和精度进行设置。下面将对"公差"选项卡中常用的选项组进行详细讲解。

①**"公差格式"选项组** 在"公差格式"选项组中可以对换算单位的格式和精度进行设置，下面将对"公差格式"选项组中的部分选项进行详细讲解。

- **方向**：在这里可以对线性标注的格式进行设置，在下拉菜单中，包括了"科学""小数""工程"以及"建筑"等选项，用户可以根据需要进行选择。
- **精度**：在这里可以对换算单位的精度（即小数点位数）进行设置。
- **上/下偏差**：在这两个选项中可以分别对上偏差和下偏差进行设置。
- **高度比例**：在这里可以对换算比例因子进行设置。
- **垂直位置**：在这里可以对公差进行设置。

②**"换算单位公差"选项组** 当标注换算单位时，可以设置换算单位精度和是否消零。

7.2　尺寸标注的绘制

在上一节中，我们已经创建了标注样式，并根据需要对其进行了编辑，这一节将对如何绘制尺寸标注进行讲解。尺寸标注有多种类型，根据所需对图形对象的方向、对齐方式以及类型进行尺寸标注，其类型分别为"线性标注""对齐标注""半径/直径标注""角度标注"等，用户也可以根据需要进行快速标注。

7.2.1　线性标注

线性标注是最常用也最基本的标注类型，使用线性标注可以在图形中创建水平、垂直或旋转的尺寸标注。用户可以通过下列方法执行"线性"标注命令。

- 在功能区的"默认"选项卡中，单击"注释"面板中的"线性"按钮▮。
- 在功能区的"注释"选项卡中，单击"标注"面板中的"线性"按钮▮。
- 在菜单栏中执行"标注>线性"命令。
- 在命令窗口中输入"DIMLINER"命令，并按回车键或空格键。

使用上述任一方法操作后，在绘图窗口选择需要标注的直线段，并指定好标注尺寸的位置，即可完成线性标注，如下图所示。

7.2.2　对齐标注

对齐标注是线性标注尺寸的一种特殊形式，它平行于被标注的直线，且不受被标注直线的角度影响。用户可通过下列方法执行"对齐"标注命令。

- 在功能区的"默认"选项卡中，单击"注释"面板中的"对齐"按钮▮。
- 在功能区的"注释"选项卡中，单击"标注"面板中的"对齐"按钮▮。
- 在菜单栏中执行"标注>对齐"命令。
- 在命令窗口中输入"DIMALIGNED"命令，并按回车键或空格键。

使用上述任一方法操作后，在绘图窗口选择需要标注的直线段，并指定好标注尺寸的位置，即可完成对齐标注，如下图所示。

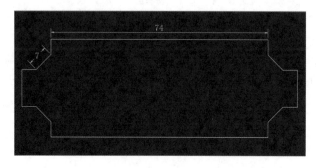

7.2.3 半径/直径标注

在AutoCAD 2022中，关于圆和圆弧的尺寸标注包括半径标注和直径标注，下面将对这两种尺寸标注进行对应讲解。

（1）半径标注

半径标注是对圆或圆弧的半径尺寸进行标注，用户可以通过下列方法执行"半径"标注命令。

- 在功能区的"默认"选项卡中，单击"注释"面板中的"半径"按钮 ◢。
- 在功能区的"注释"选项卡中，单击"标注"面板中的"半径"按钮 ◢。
- 在菜单栏中执行"标注>半径"命令。
- 在命令窗口中输入"DIMRADIUS"命令，并按回车键或空格键。

执行上述任一操作后，在绘图窗口选择所需标注的圆或圆弧，并指定好标注尺寸的位置，即可完成半径标注，如下左图所示。

（2）直径标注

直径标注是对圆或圆弧的直径尺寸进行标注，用户可以通过下列方法执行"直径"标注命令。

- 在功能区的"默认"选项卡中，单击"注释"面板中的"直径"按钮 ◯。
- 在功能区的"注释"选项卡中，单击"标注"面板中的"直径"按钮 ◯。
- 在菜单栏中执行"标注>直径"命令。
- 在命令窗口中输入"DIMDIAMETER"命令，并按回车键或空格键。

执行上述任一操作后，在绘图窗口选择所需标注的圆或圆弧，并指定好标注尺寸的位置，即可完成直径标注，如下右图所示。

 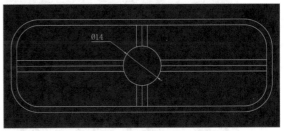

7.2.4 角度标注

角度标注是对两条非平行直线的夹角角度、圆弧的角度进行标注，用户可以通过下列方法执行"角度"标注命令。

- 在功能区的"默认"选项卡中，单击"注释"面板中的"角度"按钮 ◿。
- 在功能区的"注释"选项卡中，单击"标注"面板中的"角度"按钮 ◿。
- 在菜单栏中执行"标注>角度"命令。
- 在命令窗口中输入"DIMANGULAR"命令，并按回车键或空格键。

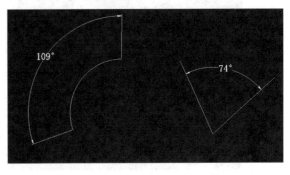

执行上述任一操作后，在绘图窗口选择所需标注的图形对象，并指定好标注尺寸的位置，即可完成角度标注，如右图所示。

实战练习 创建槽轮并添加标注

槽轮是槽轮机构中的一部分，与装有圆销的曲柄和机架共同组成步进运动槽轮机构，这里将以绘制槽轮为例，对如何添加标注进行详细讲解。

步骤 01 将"粗实线"图层设为当前图层，并执行"圆形"命令，绘制3个圆形，如下左图所示。

步骤 02 接下来将"中心线"图层设为当前图层，并执行"直线"命令，绘制中心线，如下右图所示。

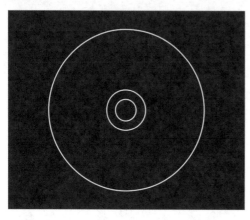 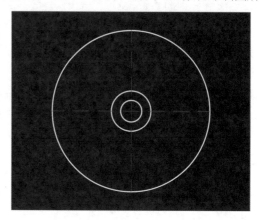

步骤 03 执行"偏移"命令，将水平方向和竖直方向的中心线分别进行偏移，如下左图所示。

步骤 04 执行"修剪"命令，将多余的部分修剪，并将其转为"粗实线"图层，如下右图所示。

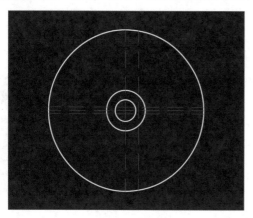 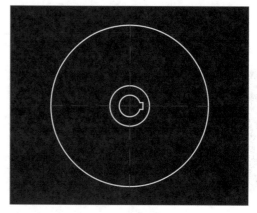

步骤 05 接下来再次执行"圆形"命令，绘制两个圆形，如下左图所示。

步骤 06 将"粗实线"图层设为当前图层，并执行"圆形"和"直线"命令绘制轮槽，如下右图所示。

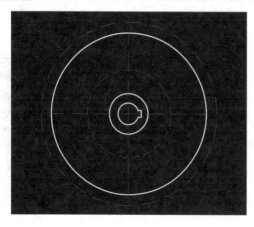 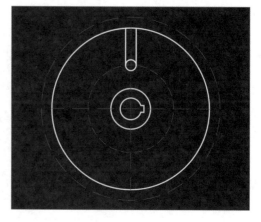

步骤 07 执行"修剪"命令，将多余的部分修剪掉。执行"阵列"命令，阵列数量为8，如下左图所示。

步骤 08 执行"分解"和"修剪"命令，将多余的部分修剪掉，如下右图所示。

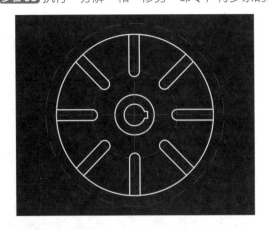 

步骤 09 再次执行"圆形"命令，绘制一个圆形。执行"旋转"命令，将其旋转，如下左图所示。

步骤 10 执行"修剪""阵列""分解"命令，完成槽轮的绘制，如下右图所示。

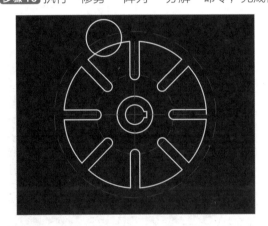 

步骤 11 将"标注"图层设为当前图层，打开"标注样式管理器"对话框，并将"Standard"标注样式设为当前标注样式，如下左图所示。

步骤 12 接下来单击"修改"按钮，打开"修改标注样式"对话框后，切换到"符号和箭头"选项卡，对箭头的大小进行设置，如下右图所示。

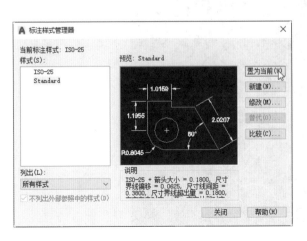 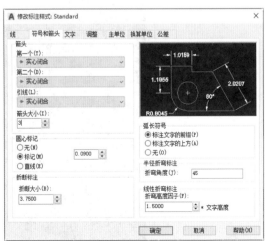

步骤 13 切换至"文字"选项卡，对文字的大小以及文字的对齐方式进行设置，如下左图所示。

步骤 14 在设置完毕后，关闭标注样式的相关对话框。执行"直径"标注，对图形中的圆形进行尺寸标注，如下右图所示。

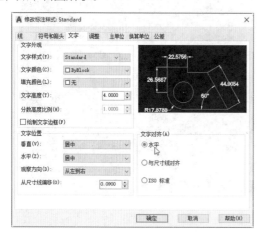
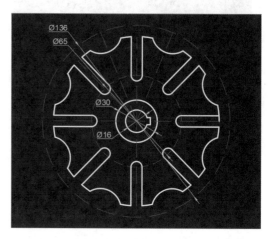

步骤 15 接下来执行"半径"标注，对图形的其他圆形进行尺寸标注，如下左图所示。

步骤 16 执行"线性"标注，为图形添加对应的尺寸标注，如下右图所示。

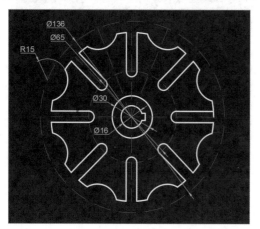
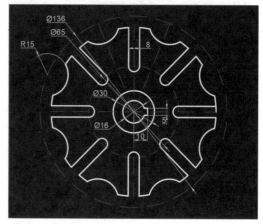

步骤 17 执行"角度"标注命令，添加角度标注，并对尺寸进行适当调整，如下图所示。

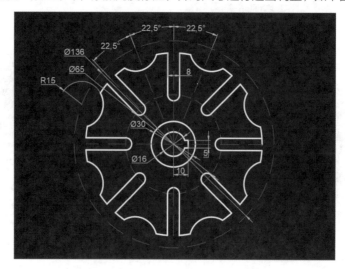

7.2.5 快速标注

使用AutoCAD的快速标注功能可以对需要进行尺寸标注的图形对象创建一系列的标注，除了可以创建一系列的基线标注和连续的快速标注，还可以创建一系列圆或圆弧标注，这样可以提高工作效率。用户可以通过下列方法执行"快速标注"命令。

● 在功能区的"默认"选项卡中，单击"注释"面板中的"快速标注"按钮。
● 在功能区的"注释"选项卡中，单击"标注"面板中的"快速标注"按钮。
● 在菜单栏中执行"标注>快速标注"命令。
● 在命令窗口中输入"QDIM"命令，并按回车键或空格键。

7.2.6 基线标注和连续标注

本小节将对基线标注和连续标注的操作方法进行介绍，具体如下。

（1）基线标注

基线标注是以上一个标注或选定标注的基线为起点绘制连续的线性、角度或坐标标注，基线的间距可以在"标注样式管理器"对话框的"直线"选项卡中进行设置。用户可以通过以下方法执行"基线"标注命令。

● 在功能区的"注释"选项卡中，单击"标注"面板中的"基线"按钮。
● 在菜单栏中执行"标注>基线"命令。
● 在命令窗口中输入"DIMBASELINE"命令，并按回车键或空格键。

在已经绘制一个标注（线性、角度或坐标标注）后，执行上述任一操作，指定下一个标注基点，即可完成基线标注，如下左图所示。

（2）连续标注

连续标注可以从上一个标注（线性、对齐、角度或坐标标注）的延伸线开始创建一系列连续的标注，每一个尺寸标注的第二条尺寸界线的原点即为下一个尺寸标注的第一条尺寸界线的原点。在使用"连续"标注之前必须有一个尺寸标注。用户可以通过下列方法执行"连续"标注命令。

● 在功能区的"注释"选项卡中，单击"标注"面板中的"连续"按钮。
● 在菜单栏中执行"标注>连续"命令。
● 在命令窗口中输入"DIMCONTINUE"命令，并按回车键或空格键。

在已经绘制一个标注（线性、对齐、角度或坐标标注）后，执行上述任一操作，指定下一个标注基点，连续标注即可完成，如下右图所示。

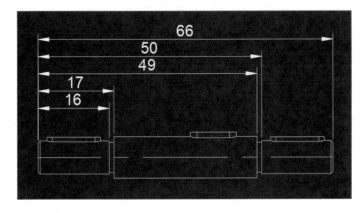
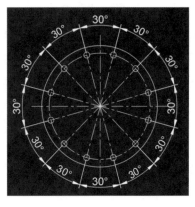

7.2.7 圆心标记和中心线

在AutoCAD 2022中，可以通过"圆心标记"命令为圆或圆弧创建圆心标记，还可以使用"中心线"命令为两个直线创建中心线。下面将对如何使用这两个命令进行详细讲解。

（1）"圆心标记"命令

"圆心标记"命令主要用于创建与选定圆、圆弧以及多边形圆弧的中心点处关联的十字形标记，用户可以通过下列方法执行"圆心标记"命令。

● 在功能区的"注释"选项卡中，单击"中心线"面板中的"圆心标记"按钮⊕。
● 在命令窗口中输入"CENTERMARK"命令，并按回车键或空格键。

执行上述任一操作后，在绘图窗口选择需要添加圆心标记的圆形，即可自动完成圆心标记的绘制，如下左图所示。

（2）"中心线"命令

"中心线"命令主要用于创建与选定直线和多线段关联的指定线型的中心线几何图形，用户可以通过下列方法执行"中心线"命令。

● 在功能区的"注释"选项卡中，单击"中心线"面板中的"中心线"按钮目。
● 在命令窗口中输入"CENTERLINE"命令，并按回车键或空格键。

执行上述任一操作后，在绘图窗口选择需要标注的两条直线，即可自动完成中心线的绘制，如下右图所示。

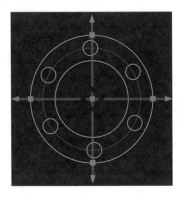 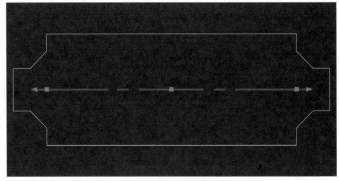

7.3 多重引线的创建和编辑

多重引线功能是引线功能的延伸，它可以方便地为序号标注添加多个引线，可以合并或对齐多个引线标注，在装配图、组装图上有十分重要的作用。

在创建多重引线之前，需要创建多重引线样式，即在"多重引线样式管理器"对话框中进行设置。设置完成后便可以创建多重引线。这一节将对如何创建和编辑多重引线进行详细讲解。

7.3.1 多重引线样式的创建

在为图形文件添加多重引线时，除了可以使用默认的多重引线样式外，还可以根据需要创建新的多重引线样式，通过"多重引线样式管理器"对话框可创建并设置新的多重引线样式。用户可以通过以下方法打开"多重引线样式管理器"对话框。

- 在功能区的"默认"选项卡中,单击"注释"面板中的"多重引线样式"按钮。
- 在功能区的"注释"选项卡中,单击"引线"面板中的右下角箭头 。
- 在菜单栏中执行"格式>多重引线样式"命令。
- 在命令窗口中输入"MLEADERSTYLE"命令,并按回车键或空格键。

执行以上任意一种操作,可打开"多重引线样式管理器"对话框,如下左图所示。单击"新建"按钮,打开"创建新多重引线样式"对话框,在"新样式名"文本框中输入样式名,选择基础样式,如下右图所示。

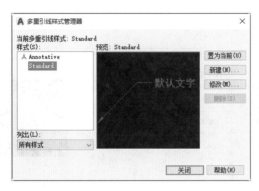

单击"继续"按钮,即可在打开的"修改多重引线样式"对话框中对各选项卡进行详细设置。下面将对"修改多重引线样式"对话框各选项卡中常用的选项组进行讲解。

(1)引线格式

在"引线格式"选项卡中,可以对引线的类型及箭头形状进行设置,如下左图所示。其中各选项组的作用如下。

- **常规**:在这里可以对引线的类型、颜色、线型、线宽进行设置。在"类型"下拉列表中可以选择直线、样条曲线或无选项。
- **箭头**:在这里可以对箭头的符号类型和大小进行设置。
- **引线打断**:在这里可以对引线打断大小的参数进行设置。

(2)引线结构

在"引线结构"选项卡中可以对引线的段数、引线每一段的倾斜角度及引线的显示属性进行设置,如下右图所示。其中各选项组的作用如下。

- **约束**：在该选项组中勾选相应的复选框，可以对最大引线点数、引线角度进行设置。
- **基线设置**：在该选项组中勾选相应的复选框，可以对是否自动包含基线及多重引线的固定距离进行设置。
- **比例**：在该选项组中可以对引线比例的显示方式进行设置。

（3）内容

在"内容"选项卡中，可以对引线标注的内容类型进行设置，在"多重引线类型"下拉列表中可以选择"多行文字"或"块"，分别对应的选项内容也是不一样的。下左图是选择"多行文字"后的选项组，下右图是选择"块"后的选项组。下面将分别对这两个选项组进行讲解。

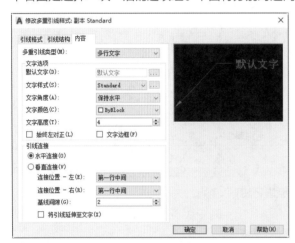 

① **多行文字** 在"多行文字"选项中，可以对多行文字以及引线连接的相关参数进行设置，下面对这两个选项组进行讲解。

- **文字选项**：在这里可以对多行文字的样式、角度、颜色以及高度等参数进行设置。
- **引线连接**：在这里可以对多重引线的引线连接进行设置，引线可以水平或垂直连接。

② **块** 在"块"选项下，包含对块的相关设置。其中在"源块"下拉列表中可以对源块的类型进行设置。在"附着"下拉列表中对块的中心范围或插入点进行设置。在"颜色"下拉列表中对块内容的颜色进行设置。

7.3.2 多重引线的创建

创建好多重引线样式后，便可以为图形文件添加多重引线了，用户可以通过下列方法为图形文件执行"多重引线"命令。

- 在功能区的"默认"选项卡中，单击"注释"面板中的"引线"按钮。
- 在功能区的"注释"选项卡中，单击"引线"面板中的"多重引线"按钮。
- 在菜单栏中执行"标注>多重引线"命令。
- 在命令窗口中输入"MLEADER"命令，并按回车键或空格键。

执行上述任一操作后，根据命令行提示在图形文件指定处插入基点，即可完成多重引线的创建。

实战练习 为曲柄支架添加标注

曲柄支架是一种常见的机械零件类型，这里将以绘制曲柄支架为例，对如何添加尺寸标注以及多重引线的方式进行讲解。

步骤 01 打开"曲柄支架"素材文件，将"标注"设为当前图层，如下左图所示。

步骤 02 选择主视图，执行"线性"标注，添加第一个长度标注，如下右图所示。

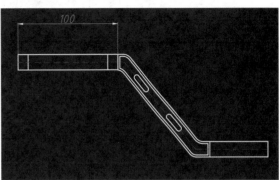

步骤 03 执行"基线"标注，以上一个线性标注为基点开始标注，如下左图所示。

步骤 04 再次执行"线性"标注，绘制其他的水平方向和竖直方向的线性标注，如下右图所示。

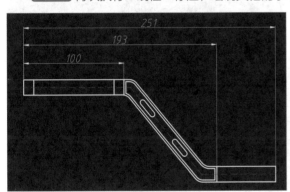
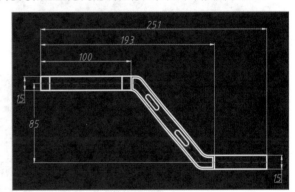

步骤 05 接下来执行"对齐"标注，添加非水平或竖直方向的线性标注，如下左图所示。

步骤 06 执行"角度"标注，添加角度标注，如下右图所示。

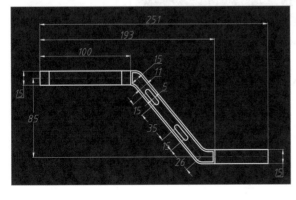
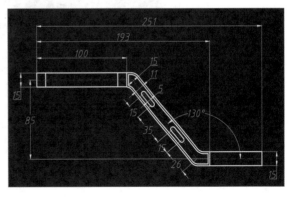

步骤 07 执行"半径"标注，为圆角添加尺寸标注，如下页左上图所示。

步骤 08 选择俯视图，执行"线性"标注为其添加线性标注，如下页右上图所示。

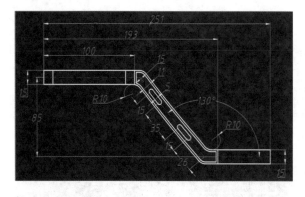
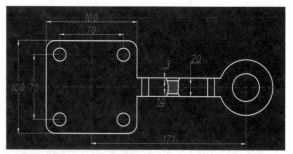

步骤 09 执行"直径"标注，为其添加直径标注，如下左图所示。

步骤 10 执行"半径"标注，为圆角添加尺寸标注，如下右图所示。

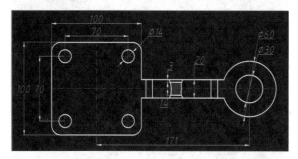
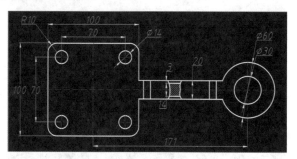

步骤 11 选择等侧视图，执行"多重引线"命令，为其添加引线说明，如下图所示。

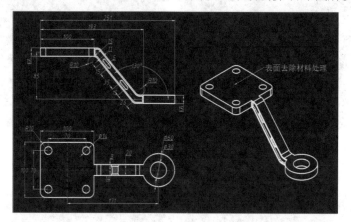

7.4 标注对象的编辑

为图形文件添加标注后，也可以根据需要对标注对象进行编辑，包括更新标注、替代标注以及重新关联标注，下面将对这几种标注对象的编辑方法进行讲解。

7.4.1 更新标注

若当前标注使用了其他的标注样式，但是并不能满足需要，也不想更改标注样式，这时可以更新标注，即使用当前标注样式更新标注对象。用户可以通过以下几种方法执行"更新"标注命令。

● 在功能区的"注释"选项卡中，单击"标注"面板中的"更新"按钮 🔤。

● 在菜单栏中执行"标注>更新"命令。

将新的标注样式设为当前样式后，执行上述任一操作，并选择需要更新的标注，即可完成标注的更新。

7.4.2 替代标注

当少数尺寸标注与其他大多数尺寸标注在样式上有差别，比如箭头大小、文字大小或主单位比例存在差异时，若不想创建新的标注样式，可以创建标注样式替代。在"标注样式管理器"对话框中，单击"替代"按钮，打开"替代当前样式"对话框，如下左图所示。从中可对所需的参数进行设置，然后单击"确定"按钮返回到上一对话框，在"样式"列表中显示了"<样式替代>"，如下右图所示。

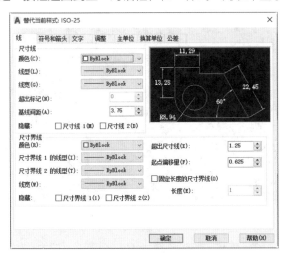
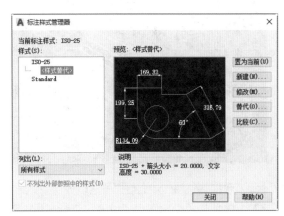

知识延伸：形位公差

形位公差，一般也叫作几何公差，全称为形状公差和位置公差。其中形状公差包括了直线度、平面度、圆度和圆柱度等。位置公差包括了定向公差和定位公差，前者包括平行度、垂直度以及倾斜度，而后者包含了同轴度、对称度和位置度。

在AutoCAD 2022中，用户可以通过以下几种方式为标注尺寸添加形位公差。

● 在功能区的"默认"选项卡中，单击"注释"面板中的"公差"按钮。

● 在菜单栏中执行"标注>公差"命令。

● 在命令窗口中输入"TOLERAMCE"命令，并按回车键或空格键。

执行上述任一操作后，即可打开"形位公差"对话框，如下左图所示。单击"符号"按钮，即可打开"特征符号"选项面板，在这里选择所需的特征符号即可，如下右图所示。

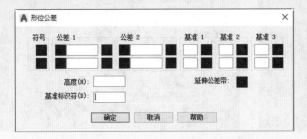

上机实训：绘制双叉连杆并添加标注

学习如何创建和编辑尺寸标注以及多重引线后，下面将以绘制双叉连杆为例进行练习。通过本案例的学习，用户将对本章的知识有更进一步的了解，以下是详细讲解。

扫码看视频

步骤 01 打开"双叉连杆"素材图形后，可以看到当前图形文件中有双叉连杆的等轴侧视图，如下左图所示。接下来将根据该等轴侧视图绘制其他视图。

步骤 02 首先绘制的是俯视图。将"粗实线"图层设为当前图层，并执行"圆形"命令，绘制两个圆形，如下右图所示。

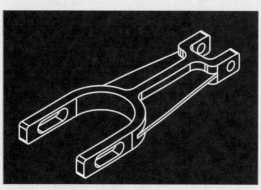
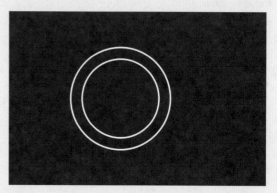

步骤 03 接下来将"中心线"图层设为当前图层，并执行"直线"命令，绘制中心线，如下左图所示。

步骤 04 执行"偏移"和"拉伸"命令，将水平方向和竖直方向的中心线分别进行偏移和拉伸，如下右图所示。

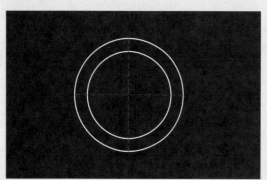
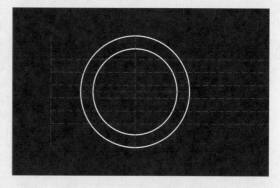

步骤 05 将"粗实线"图层设为当前，执行"直线"命令，绘制左侧部分，如下左图所示。

步骤 06 执行"修剪"命令，将多余的部分修剪掉，并删除相关的辅助线，如下右图所示。

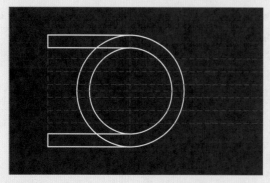
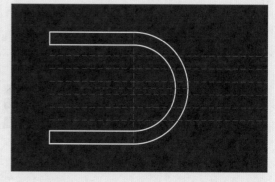

步骤 07 接下来以同样的方法绘制右侧部分，如下左图所示。

步骤 08 执行"圆角"命令，为当前视图添加圆角，如下右图所示。

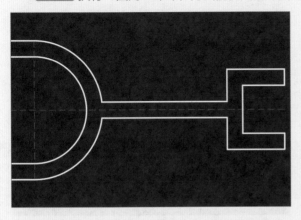 

步骤 09 执行"直线"命令和"镜像"命令，绘制拉筋部分，如下左图所示。

步骤 10 接下来需要绘制主视图，将"中心线"图层设为当前图层，并根据视图关系绘制辅助线，如下右图所示。

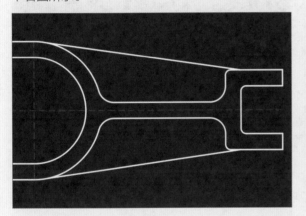 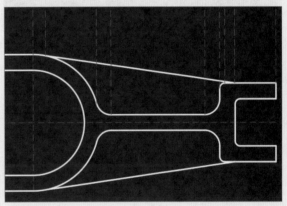

步骤 11 将"粗实线"图层设为当前图层，执行"直线"命令，绘制主视图的基础部分，如下左图所示。

步骤 12 执行"圆角"命令，在主视图上绘制圆角，如下右图所示。

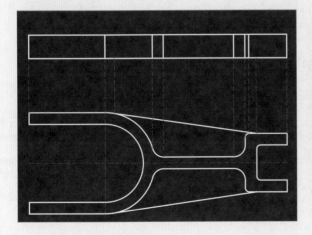 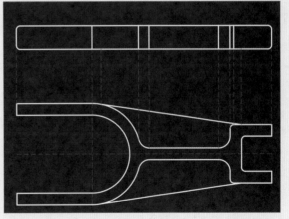

步骤 13 根据视图关系，从主视图绘制辅助线延伸至俯视图。执行"直线"命令，绘制对应的直线，如下页左上图所示。

步骤14 同样根据视图关系，绘制主视图部分的拉筋，这里需要执行"直线""修剪""偏移"命令，如下右图所示。

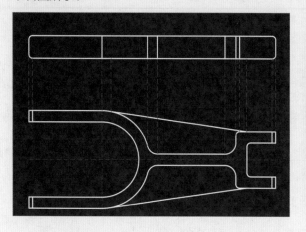 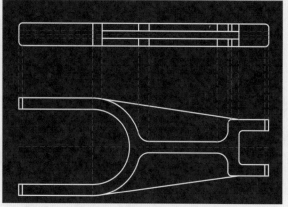

步骤15 将多余的部分删除，并执行"圆形"命令，在主视图的右侧绘制圆形，如下左图所示。

步骤16 执行"矩形""圆形"和"修剪"命令，在主视图的左侧绘制直槽口，如下右图所示。

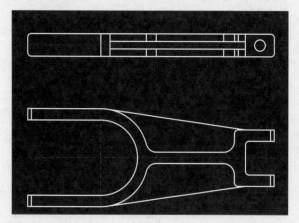 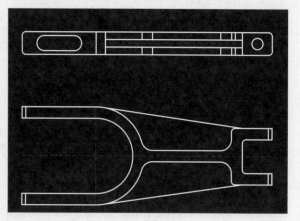

步骤17 接下来将"标注"图层设为当前图层，并打开"标注样式管理器"对话框，选择"ISO-25"标注样式并单击"修改"按钮，如下左图所示。

步骤18 打开"修改标注样式"对话框后，分别根据当前图形文件的大小，对箭头大小以及文字大小等进行设置，如下右图所示。

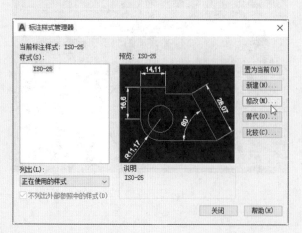 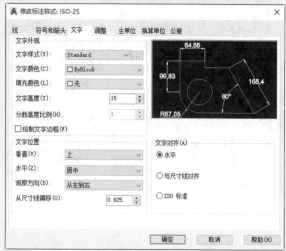

步骤19 设置完成后执行"线性"命令，分别为俯视图和主视图添加线性标注，如下左图所示。

步骤20 执行"半径"和"直径"命令，为圆角和圆形添加标注，如下右图所示。

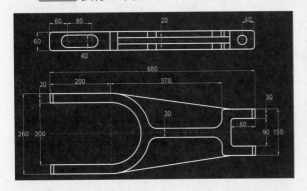 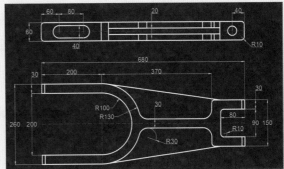

步骤21 执行"角度"命令，为拉筋角度添加标注。执行"移动"命令，将视图调整至合适的位置，如下图所示。

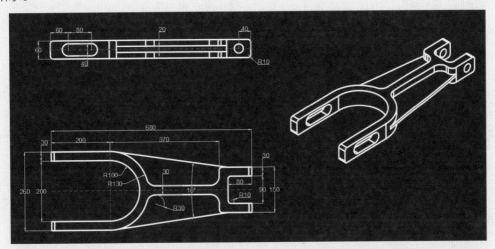

步骤22 最后执行"引线"命令，为等轴侧视图添加说明性多重引线，最终效果如下图所示。

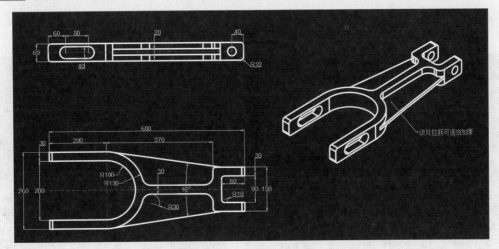

课后练习

通过本章内容的学习，相信大家对于如何创建和编辑尺寸标注有了一定的认识。下面通过课后练习题，进一步熟悉尺寸标注的概念和用途，掌握尺寸标注的方法。

一、选择题

（1）下列（　　）选项是打开"标注样式管理器"对话框的命令。

A. TOLERANCE　　　　　　　　　　B. DIMCREAT

C. DIMEDIT　　　　　　　　　　　D. DIMSTYLE

（2）以下（　　）不可以使用半径/直径标注。

A. 圆角　　　　　　　　　　　　B. 圆/圆弧

C. 椭圆/椭圆弧　　　　　　　　　D. 圆环

（3）在绘制连续/基线标注时，需要指定一个基点，这个基点可以是（　　）。

A. 线性标注　　　　　　　　　　B. 对齐标注

C. 角度标注　　　　　　　　　　D. 以上都是

（4）创建多重引线的组合键是（　　）。

A. MULTILEADER　　　　　　　　B. MLEADER

C. LEADER　　　　　　　　　　　D. MULTI

二、填空题

（1）智能中心线包括_____和_____。

（2）形位公差包括_____和_____。

（3）在对非水平方向或垂直方向的倾斜进行标注时，可以使用_____命令。

三、上机题

（1）打开"课后练习：为钢结构厂房A、D轴结构图添加尺寸标注.dwg"图形文件，添加尺寸标注，如下左图所示。

（2）打开"课后练习：为零件添加尺寸标注.dwg"图形文件，添加尺寸标注，如下右图所示。

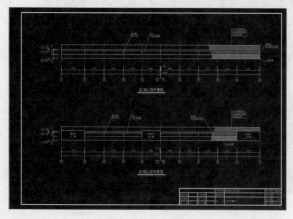
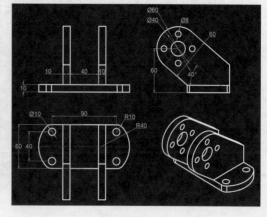

Ⓐ 第8章 三维图形的绘制

本章概述

使用AutoCAD不仅可以绘制二维图形，也可以绘制三维模型，还可以对三维模型进行编辑，包括对三维实体进行移动、旋转、复制、镜像、对齐等操作。

核心知识点

❶ 三维坐标系统介绍
❷ 三维实体的绘制
❸ 三维实体的编辑

8.1 三维实体的绘制基础

在AutoCAD 2022中，用户可以将工作空间切换到"三维建模"工作空间，然后进行三维实体的绘制，如下图所示。在绘制三维实体的过程中，我们需要熟悉并掌握三维建模绘制的基础知识，比如三维视图设置、三维坐标系以及动态UCS等。掌握这些基础知识之后才能够准确、快速地绘制三维实体。

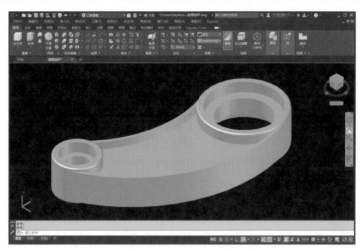

用户可以通过以下几种方法来切换工作空间。

● 在"快速访问工具栏"中单击"工作空间"下拉按钮 ⚙三维建模 ▼ ，在下拉列表中选择"三维建模"选项，便可以切换到"三维建模"工作空间。

● 在菜单栏中执行"工具>工作空间>三维建模"命令。

8.1.1 三维视图的设置

在绘制三维实体时，由于三维实体相较于二维实体已经多了一个维度，因此从一个角度是不能看到三维实体的其他面的，所以我们需要为绘制的三维实体选择一个合适的角度来观察。在AutoCAD 2022中，可以选择的三维视图类型包括俯视、仰视、左视、右视、前视、后视、西南等轴测、东南等轴测、东北等轴测以及西北等轴测。用户可以通过以下几种方法来选择所需的视图。

● 在功能区的"常用"选项卡中，单击"视图"面板中的"三维导航"下拉按钮，在下拉列表中选择所需的视图选项。

● 在功能区的"可视化"选项卡中，单击"命名视图"面板中的"三维导航"下拉按钮，在下拉列表中选择所需的视图选项。

- 在功能区的"视图"选项卡中,单击"命名视图"面板中"三维导航"下拉按钮,在下拉列表中选择所需的视图选项。
- 在菜单栏中执行"视图>三维视图"命令,并在弹出的子命令菜单中选择所需的视图选项。

8.1.2　三维坐标系（UCS）

在AutoCAD 2022中,三维坐标分为世界坐标系和用户坐标系两种,默认状态下的系统坐标系为世界坐标系,它的方向和坐标原点是固定不动的。而用户坐标系(UCS)则可以根据绘图的需要对方向和坐标原点进行调整,使用时较为灵活。用户可以通过以下几种方法新建UCS命令。

- 在功能区的"常用"选项卡中,单击"坐标"面板中的"新建UCS"按钮。
- 在菜单栏中执行"工具>新建UCS"命令,并在弹出的子菜单中进行选择。
- 在命令窗口中输入"UCS"命令,并按回车键或空格键。

8.1.3　视觉样式

在绘制三维实体时,可以根据需要选择不同的视觉样式来观察三维实体,默认的视觉样式是"二维线框"样式,AutoCAD还提供其他的视觉样式,比如"概念"视觉样式、"隐藏"视觉样式、"真实"视觉样式等。用户可以通过以下几种方式来设置所需的视觉样式。

- 在功能区的"常用"选项卡中,单击"视图"面板中的"视觉样式"按钮,在下拉列表中选择所需的视觉样式。
- 在功能区的"可视化"选项卡中,单击"视觉样式"面板中的"视觉样式"按钮,在下拉列表中选择所需的视觉样式。
- 在菜单栏中执行"视图>视觉样式"命令,在弹出的子菜单中进行选择。

执行上述任一操作后,即可根据需要开始选择所需的视觉样式,下面将对这些视觉样式的应用逐一进行讲解。

（1）二维线框样式

在二维线框视觉样式中显示的是三维对象的边界,使用直线或曲线显示对象的边界。在二维线框视觉样式中,线型、线宽、光栅以及OLE对象都是可见的,该视觉样式针对高保真度的二维绘图环境进行了优化,如下左图所示。

（2）概念样式

概念样式是指在显示三维对象时使用平滑着色和古氏面样式,平滑着色可以使对象的边平滑化,而古氏面样式仅能在冷色和暖色之间过渡。因此该视觉样式缺乏真实感,但是可以更加便捷地查看三维实体的细节,如下右图所示。

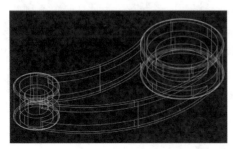 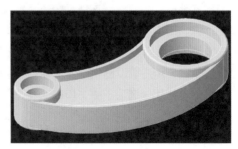

（3）隐藏样式

隐藏样式即三维隐藏视觉样式，是指在显示三维对象时使用三维线框来表示，并消隐后面的直线，如下左图所示。

（4）真实样式

真实样式是指在显示三维对象时使用平滑着色，并显示已经附着在三维实体上的材质，对于可见的三维实体表面提供平滑的颜色过渡，所以相较于概念样式，其表达效果进一步提高，如下右图所示。

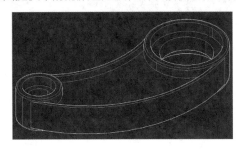 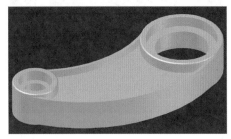

（5）着色样式

着色样式是指在显示三维对象时使用平滑着色，并显示已经附着在三维实体上的材质，能够在三维实体中表现出平滑的着色效果，如下左图所示。

（6）带边缘着色样式

带边缘着色是指在显示三维对象时使用平滑着色和可见边，这里可以与着色视觉样式做对比，如下右图所示。

 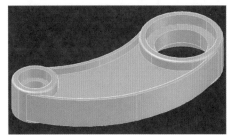

（7）灰度样式

灰度样式是指在显示三维对象时使用平滑着色和单色灰度，这里要与"概念"视觉样式区别开，如下左图所示。

（8）勾画样式

勾画样式是指在显示手绘效果的二维和三维对象时使用线延伸和抖动边修改器，如下右图所示。

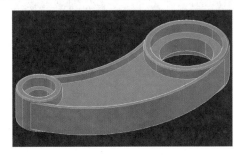 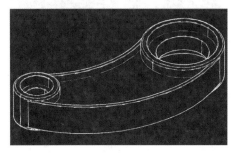

（9）线框样式

线框样式即三维线框样式，这里与二维线框样式相似，但是存在差异。两者均是使用直线和曲线显示三维对象的边界，但是线框样式中，线型、线宽、光栅以及OLE对象都是不可见的，如下左图所示。

（10）X射线样式

X射线样式是指在显示三维对象时使用局部透明度，这样会有类似X射线的效果，如下右图所示。

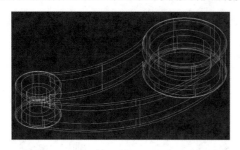 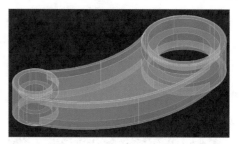

8.2　三维实体的绘制

学习了三维实体绘制的基础知识后，本节将学习三维实体的绘制。常见的三维实体包括长方体、圆柱体、圆锥体、球体、棱锥体、楔体、圆环体等，下面对如何绘制这些常见的三维实体进行详细讲解。

8.2.1　长方体的绘制

长方体是最基础也最常见的三维实体，它是由截面为长方形或正方形并沿截面的法向线拉伸形成的三维实体。用户可以使用以下几种方法绘制长方体。

- 在功能区的"常用"选项卡中，单击"建模"面板中的"长方体"按钮。
- 在功能区的"实体"选项卡中，单击"图元"面板中的"长方体"按钮。
- 在菜单栏中执行"绘图>建模>长方体"命令。
- 在命令窗口中输入"BOX"命令，并按回车键或空格键。

执行上述任一操作后，首先需要在绘图窗口绘制一个长方形（正方形），如下左图所示，接下来需要指定法向线的长度，即长方体的高度，完成长方体的绘制，如下右图所示。

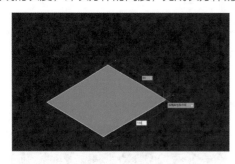 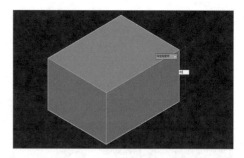

8.2.2　圆柱体的绘制

圆柱体也是一个较为常见的基础三维实体，它是以圆或者椭圆为截面形状并沿着该截面的法向线拉伸形成的三维实体。用户可以使用以下几种方法绘制圆柱体。

- 在功能区的"常用"选项卡中，单击"建模"面板中的"圆柱体"按钮。

- 在功能区的"实体"选项卡中，单击"图元"面板中的"圆柱体"按钮█。
- 在菜单栏中执行"绘图>建模>圆柱体"命令。
- 在命令窗口中输入"CYLINDER"命令，并按回车键或空格键。

执行上述任一操作后，首先需要在绘图窗口绘制一个圆形，如下左图所示。接下来需要指定法向线的长度，即圆柱体的高度，完成圆柱体的绘制，如下右图所示。

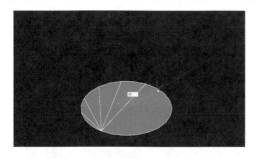 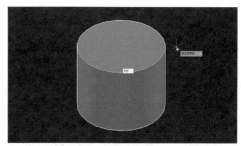

8.2.3 圆锥体的绘制

圆锥体是指以圆或椭圆为底面，以对称方式形成锥体表面，最后交于一点，或交于一个圆或椭圆平面的三维实体。用户可以使用以下几种方法绘制圆锥体。

- 在功能区的"常用"选项卡中，单击"建模"面板中的"圆锥体"按钮█。
- 在功能区的"实体"选项卡中，单击"图元"面板中的"圆锥体"按钮█。
- 在菜单栏中执行"绘图>建模>圆锥体"命令。
- 在命令窗口中输入"CONE"命令，并按回车键或空格键。

执行上述任一操作后，首先需要在绘图窗口绘制一个圆形，如下左图所示。接下来需要指定法向线的长度，即圆柱体的高度，完成圆柱体的绘制，如下右图所示。

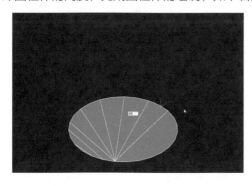 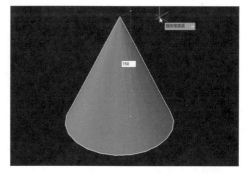

8.2.4 球体的绘制

球体是由多个点的集合所形成的实体，从这些点到球心的距离都是相等的，用户可以使用以下几种方法绘制球体。

- 在功能区的"常用"选项卡中，单击"建模"面板中的"球体"按钮█。
- 在功能区的"实体"选项卡中，单击"图元"面板中的"球体"按钮█。
- 在菜单栏中执行"绘图>建模>球体"命令。
- 在命令窗口中输入"SPHERE"命令，并按回车键或空格键。

执行上述任一操作后，在绘图窗口指定球体的半径即可完成球体的绘制，如右图所示。

8.2.5　圆环体的绘制

圆环体是以一个截面为圆形且绕着一个中心圆环绕形成的三维实体，用户可以使用以下几种方法绘制圆环体。

- 在功能区的"常用"选项卡中，单击"建模"面板中的"圆环体"按钮◙。
- 在功能区的"实体"选项卡中，单击"图元"面板中的"圆环体"按钮◙。
- 在菜单栏中执行"绘图>建模>圆环体"命令。
- 在命令窗口中输入"TORUS"命令，并按回车键或空格键。

执行上述任一操作后，首先需要在绘图窗口绘制一个圆形，如下左图所示。接下来需要指定环绕圆的半径，即可完成圆环体的绘制，如下右图所示。

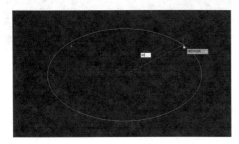
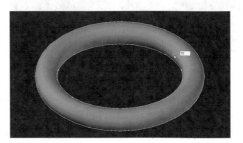

8.3　从二维草图生成三维实体

除了上一节所述的直接绘制三维实体外，用户还可以根据需要将绘制好的二维草图通过拉伸、放样、旋转或者扫掠等方法，将其转换为三维实体。下面将对这几种常见的从二维草图生成三维实体的方法进行详细讲解。

8.3.1　拉伸实体

拉伸实体是指将绘制好的闭合二维草图沿着指定的路径拉伸成三维实体或曲面，在拉伸开放草图时仅能形成曲面。用户可以使用以下几种方法拉伸三维实体或曲面。

- 在功能区的"常用"选项卡中，单击"建模"面板中的"拉伸"按钮▣。
- 在功能区的"实体"选项卡中，单击"实体"面板中的"拉伸"按钮▣。
- 在菜单栏中执行"绘图>建模>拉伸"命令。
- 在命令窗口中输入"EXTRUDE"命令，并按回车键或空格键。

执行上述任一操作后，选择绘制好的闭合草图，如下左图所示。指定拉伸高度，即可完成实体的拉伸，如下右图所示。

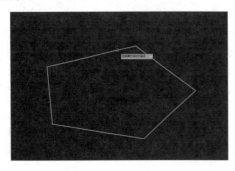
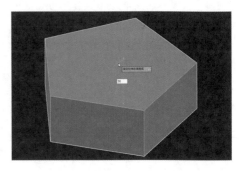

8.3.2 放样实体

放样实体是指将两个横截面之间的空间放样形成三维实体或曲面，用户可以使用以下几种方法放样三维实体或曲面。

- 在功能区的"常用"选项卡中，单击"建模"面板中的"放样"按钮。
- 在功能区的"实体"选项卡中，单击"实体"面板中的"放样"按钮。
- 在菜单栏中执行"绘图>建模>放样"命令。
- 在命令窗口中输入"LOFT"命令，并按回车键或空格键。

执行上述任一操作后，选择绘制好的需要放样的两个横截面，如下左图所示。根据命令行中的提示放样实体，如下右图所示。

8.3.3 旋转实体

旋转实体是指将绘制好的闭合二维草图沿着指定中心轴进行旋转并形成三维实体或曲面，用户可以使用以下几种方法执行旋转三维实体或曲面的操作。

- 在功能区的"常用"选项卡中，单击"建模"面板中的"旋转"按钮。
- 在功能区的"实体"选项卡中，单击"实体"面板中的"旋转"按钮。
- 在菜单栏中执行"绘图>建模>旋转"命令。
- 在命令窗口中输入"REVOLVE"命令，并按回车键或空格键。

执行上述任一操作后，选择绘制好的需要旋转的二维草图和中心轴，如下左图所示。根据命令行中的提示旋转实体，如下右图所示。

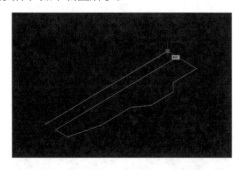 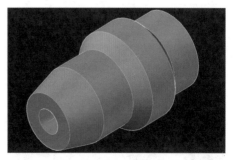

8.3.4 扫掠实体

扫掠实体是指将绘制好的草图沿着指定的路径扫掠形成三维实体或曲面，用户可以使用以下几种方法扫掠三维实体或曲面。

- 在功能区的"常用"选项卡中，单击"建模"面板中的"扫掠"按钮。
- 在功能区的"实体"选项卡中，单击"实体"面板中的"扫掠"按钮。

- 在菜单栏中执行"绘图>建模>扫掠"命令。
- 在命令窗口中输入"SWEEP"命令，并按回车键或空格键。

执行上述任一操作后，选择绘制好的需要扫掠的草图和路径，如下左图所示。根据命令行中的提示扫掠实体，如下右图所示。

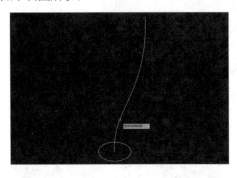 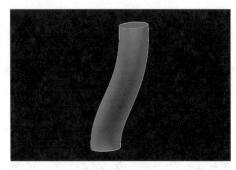

8.4 布尔运算

三维实体绘制之后，需要根据实际需求进行三维实体编辑，在这里首先介绍的是布尔运算。在三维实体编辑过程中，布尔运算是非常重要的功能，包括并集操作、差集操作以及交集操作。下面将对如何运用布尔运算进行详细讲解。

8.4.1 实体的并集操作

将两个及两个以上的实体合并成一个新的实体时，可以使用并集操作。用户可以使用以下几种方法合并三维实体。

- 在功能区的"常用"选项卡中，单击"实体编辑"面板中的"并集"按钮。
- 在功能区的"实体"选项卡中，单击"布尔值"面板中的"并集"按钮。
- 在菜单栏中执行"修改>实体编辑>并集"命令。
- 在命令窗口中输入"UNION"命令，并按回车键或空格键。

执行上述任一操作后，选择需要合并的三维实体，如下左图所示。根据命令行中的提示合并实体，如下右图所示。

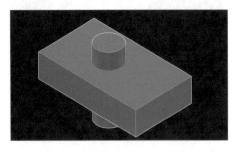 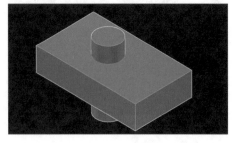

8.4.2 实体的差集操作

从三维实体中减去其中的一部分，可以使用差集操作，用户可以使用以下几种方法进行差集操作。

- 在功能区的"常用"选项卡中，单击"实体编辑"面板中的"差集"按钮。
- 在功能区的"实体"选项卡中，单击"布尔值"面板中的"差集"按钮。

● 在菜单栏中执行"修改>实体编辑>差集"命令。

● 在命令窗口中输入"SUBTRACT"命令，并按回车键或空格键。

执行上述任一操作后，选择需要进行差集操作的三维实体，如下左图所示。根据命令行中的提示减去不需要的实体，如下右图所示。

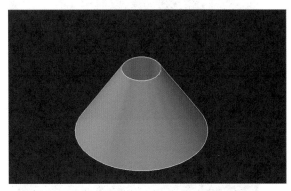

实战练习 绘制导轨及导轨滑块 ●━━━━━━━━━━━━━━━━━━━━━●

学习了如何绘制三维实体以及编辑三维实体（布尔运算）后，这里将以绘制导轨及导轨滑块为例，对如何绘制及编辑三维实体进行讲解。

步骤01 首先将"粗实线"图层设为当前图形，并执行"直线"命令，绘制导轨的截面图，如下左图所示。

步骤02 将截面图转换为多段线后执行"复制"命令，再执行"拉伸"命令，绘制导轨以及另外一个长度较短的导轨，如下右图所示。

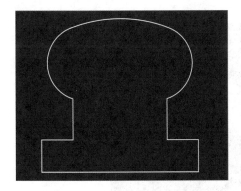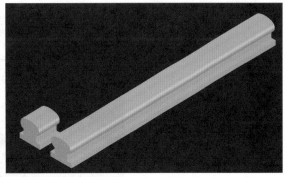

步骤03 接下来执行"长方体"命令，绘制一个长方形，如下左图所示。

步骤04 执行"差集"命令，切除导轨滑块上多余的部分，如下右图所示。

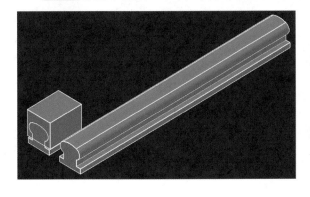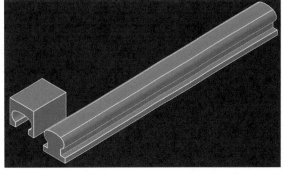

步骤 05 执行"倒角边"命令，对滑块进行倒角处理，如下左图所示。

步骤 06 执行"圆柱体"命令，绘制两个圆柱体，如下右图所示。

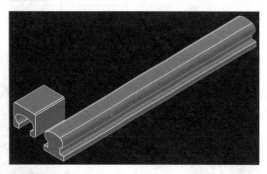 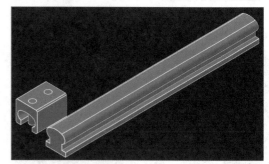

步骤 07 再次执行"差集"命令，对滑块做切除处理，如下左图所示。

步骤 08 执行"三维移动"命令，将滑块移动到导轨上，如下右图所示。

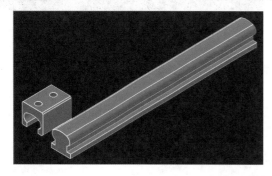 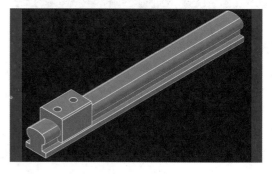

步骤 09 执行"三维复制"命令，复制滑块一次，如下图所示。

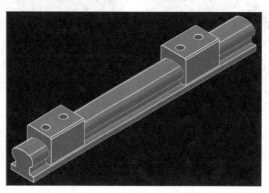

8.4.3　实体的交集操作

如果需要保留两个实体相交的部分，可以使用交集操作，并将不相交的部分删除。用户可以使用以下几种方法进行交集操作。

● 在功能区的"常用"选项卡中，单击"实体编辑"面板中的"交集"按钮▣。

● 在功能区的"实体"选项卡中，单击"布尔值"面板中的"交集"按钮▣。

● 在菜单栏中执行"修改>实体编辑>交集"命令。

● 在命令窗口中输入"INTERSECT"命令，并按回车键或空格键。

执行上述任一操作后，选择需要进行交集操作的三维实体，如下页左上图所示。根据命令行中的提示完成交集操作，如下页右上图所示。

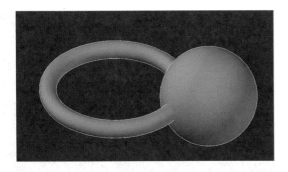 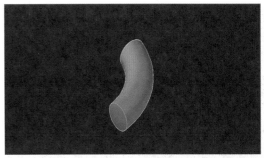

8.5　三维实体的编辑

在上一节中，我们学习了如何使用布尔运算对三维实体进行编辑，本节我们将学习如何使用其他的三维实体编辑方法，包括三维实体移动、旋转、复制、镜像等，下面将对这些常用的编辑方法进行详细讲解。

8.5.1　三维实体的移动

三维实体在空间中进行移动，可以使用移动三维实体命令。在选择需要移动的三维实体并指定移动基点之后，指定空间内的一个目标点即可。用户可以使用以下几种方法执行"三维移动"命令。

- 在功能区的"常用"选项卡中，单击"修改"面板中的"三维移动"按钮🔯。
- 在菜单栏中执行"修改>三维操作>三维移动"命令。
- 在命令窗口中输入"3DMOVE"命令，并按回车键或空格键。

执行上述任一操作后，选择需要移动的三维实体，如下左图所示。将其移动到所需的位置即可，如下右图所示。

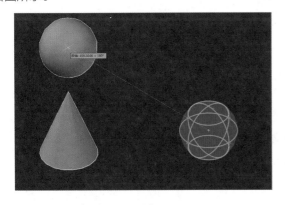 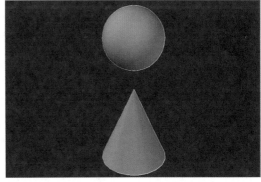

8.5.2　三维实体的旋转

三维实体需要进行旋转时可以使用"三维旋转"命令，按照指定的角度绕三维空间定义的任意轴（X轴、Y轴、Z轴）进行旋转即可。用户可以使用以下几种方法执行"三维旋转"命令。

- 在功能区的"常用"选项卡中，单击"修改"面板中的"三维旋转"按钮 。
- 在菜单栏中执行"修改>三维操作>三维旋转"命令。
- 在命令窗口中输入"3DROTATE"命令，并按回车键或空格键。

执行上述任一操作后，选择需要旋转的三维实体，如下页左上图所示。将其旋转到指定的角度即可，如下页右上图所示。

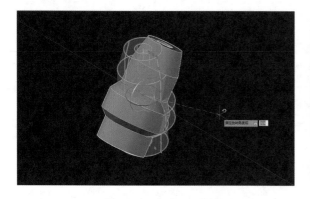

8.5.3 三维实体的复制

在三维实体需要进行复制时可以使用 "复制"命令，将选中的三维实体沿着指定的基线方向和指定的距离进行复制即可。用户可以通过以下方法执行"复制"命令。

- 在功能区的"常用"选项卡中，单击"修改"面板中的"复制"按钮 ▣。
- 在菜单栏中执行"修改>复制"命令。
- 在命令窗口中输入"COPY"命令，并按回车键或空格键。

执行上述任一操作后，选择需要复制的三维实体，将其移动到指定位置即可。

8.5.4 三维实体的镜像

需要得到对称的三维实体时可以使用"三维镜像"命令，用户可以使用以下几种方法执行"三维镜像"命令。

- 在功能区的"常用"选项卡中，单击"修改"面板中的"三维镜像"按钮 ▣。
- 在菜单栏中执行"修改>三维操作>三维镜像"命令。
- 在命令窗口中输入"MIRROR3D"命令，并按回车键或空格键。

执行上述任一操作后，选择需要镜像的三维实体，根据命令行的提示进行操作即可。

8.5.5 三维实体的阵列

三维实体的阵列操作包括矩形阵列和环形阵列，选择需要阵列的对象并指定阵列形式即可，用户可以使用以下几种方法执行"阵列"命令。

- 在菜单栏中执行"修改>三维操作>三维阵列"命令。
- 在命令窗口中输入"3DARRAY"命令，并按回车键或空格键。

（1）矩形阵列

矩形阵列可以将选中的三维实体沿着指定的方向和数量进行阵列，这与二维草图的矩形阵列类似。

（2）环形阵列

环形阵列可以将选中的三维实体沿着指定的圆心和中心圆进行圆周阵列，这与二维草图的环形阵列类似。

执行上述任一操作后，选择需要进行环形阵列的三维实体，如下左上图所示。根据命令行中的提示进行环形阵列，如下右上图所示。

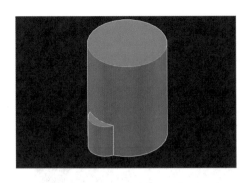 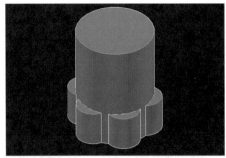

8.5.6 三维实体的倒直角

倒角–直角处理是很常用的三维实体编辑方式，在倒直角时，将指定的棱边根据指定的角度和距离转换为斜面。用户可以使用以下几种方法执行"倒角边"命令。

- 在功能区的"常用"选项卡中，单击"实体编辑"面板中的"倒角边"按钮。
- 在菜单栏中执行"修改>实体编辑>倒角边"命令。
- 在命令窗口中输入"CHAMFEREDGE"命令，并按回车键或空格键。

执行上述任一操作后，选择需要进行倒角处理的边，并根据命令行的指示指定倒角距离，即可完成倒直角的操作。

8.5.7 三维实体的倒圆角

倒角–圆角处理也是较为常用的三维实体编辑操作，在倒圆角时，将指定的棱边根据指定的半径转换为圆弧面，用户可以使用以下几种方法执行"圆角边"命令。

- 在功能区的"常用"选项卡中，单击"实体编辑"面板中的"圆角边"按钮。
- 在菜单栏中执行"修改>实体编辑>圆角边"命令。
- 在命令窗口中输入"FILLETEDGE"命令，并按回车键或空格键。

执行上述任一操作后，选择需要进行倒圆角处理的棱边，如下左图所示。根据命令行提示，指定倒角半径，即可完成倒圆角处理，如下右图所示。

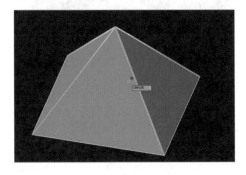 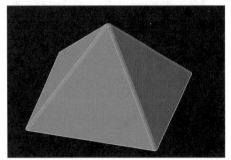

8.5.8 三维实体边的编辑

在对三维实体进行编辑时，可以通过实体边的复制、提取、着色等完成编辑操作，下面对这几种常见的编辑命令进行详细讲解。

（1）复制边命令

将三维实体上的单个或多个边偏移至指定位置，可以使用"复制边"命令，根据复制后的边线可以创建新的三维实体。用户可以通过以下几种方法执行"复制边"命令。

- 在功能区的"常用"选项卡中，单击"实体编辑"面板中的"复制边"按钮 。
- 在菜单栏中执行"修改>实体编辑>复制边"命令。
- 在命令窗口中输入"SOLIDEDIT"命令，并按回车键或空格键。

执行上述任一操作后，选择要复制的边，如下左图所示。根据命令行中的提示指定基点和位移的第二点即可，如下右图所示。

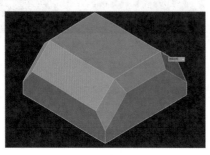

（2）提取边命令

要从三维实体、曲面的边创建三维几何图形时，可以使用"提取边"命令。用户可以通过以下几种方法执行"提取边"命令。

- 在功能区的"常用"选项卡中，单击"实体编辑"面板中的"提取边"按钮 。
- 在菜单栏中执行"修改>实体编辑>提取边"命令。

执行上述任一操作后，选择要提取边的三维实体，如下左图所示。接下来使用"移动"命令将提取的边移动出来，如下右图所示。

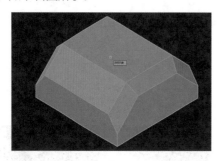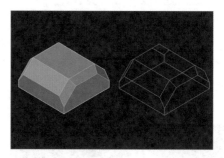

（3）着色边命令

为三维实体选定的边进行着色处理时，可以使用"着色边"命令。用户可以通过以下几种方法执行"着色边"命令。

- 在功能区的"常用"选项卡中，单击"实体编辑"面板中的"着色边"按钮 。
- 在菜单栏中执行"修改>实体编辑>着色边"命令。

执行上述任一操作后，选择需要着色的边，在弹出的"选择颜色"对话框中选择需要的颜色，即可完成边的着色。

8.5.9 三维实体面的编辑

在对三维实体的编辑中，可以对三维实体的面进行编辑，即通过对三维实体的面的移动、拉伸、旋转、复制、偏移等编辑命令，对三维实体的尺寸、形状等进行改变。下面将分别对几种常见的命令进行详细讲解。

（1）移动面命令

当需要沿着指定的高度或距离移动三维实体中的指定面时，可以使用"移动面"命令，沿着指定面的方向同时移动一个面或多个面。用户可以通过以下几种方法执行"移动面"命令。

● 在功能区的"常用"选项卡中，单击"实体编辑"面板中的"移动面"按钮 移动面 。

● 在菜单栏中执行"修改>实体编辑>移动面"命令。

执行上述任一操作后，选择需要移动的面，如下左图所示。根据命令行的提示将选定面移动到指定的位置，如下右图所示。

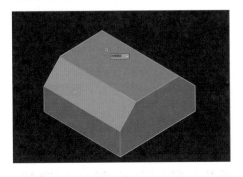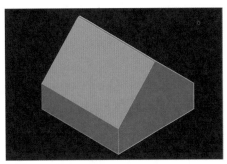

（2）拉伸面命令

在需要沿着指定的高度或距离拉伸三维实体中的指定面时，可以使用"拉伸面"命令，沿着指定的面的方向同时拉伸一个面或多个面。用户可以通过以下几种方法执行"拉伸面"命令。

● 在功能区的"常用"选项卡中，单击"实体编辑"面板中"拉伸面"按钮 拉伸面 。

● 在菜单栏中执行"修改>实体编辑>拉伸面"命令。

执行上述任一操作后，选择需要拉伸的面，如下左图所示。根据命令行的提示指定拉伸的高度和角度即可，如下右图所示。

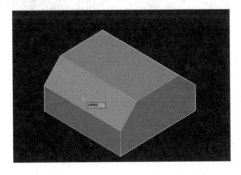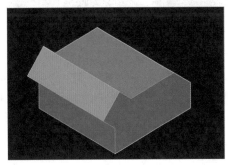

（3）旋转面命令

在需要将指定的面绕着选定的轴旋转指定的角度时，可以使用"旋转面"命令。用户可以通过以下几种方法执行"旋转面"命令。

● 在功能区的"常用"选项卡中，单击"实体编辑"面板中的"旋转面"按钮 旋转面 。

● 在菜单栏中执行"修改>实体编辑>旋转面"命令。

执行上述任一操作后，选择需要进行旋转的面，并根据命令窗口的提示指定旋转轴和旋转角度，即可完成面的旋转。

（4）倾斜面命令

在需要将三维实体中选定的面沿着指定的基点构成的基线以及指定角度进行倾斜时，可以使用"倾斜面"命令。用户可以通过以下几种方法执行"倾斜面"命令。

● 在功能区的"常用"选项卡中，单击"实体编辑"面板中的"倾斜面"按钮 ◆ 倾斜面 ▾ 。

● 在菜单栏中执行"修改>实体编辑>倾斜面"命令。

● 在命令窗口中输入"SOLIDEDIT"命令，并按回车键或空格键。

执行上述任一操作后，选择需要进行倾斜的面，并根据命令窗口的提示指定倾斜的基点和角度，即可完成面的倾斜。

（5）偏移面命令

在需要按照指定的距离或点均匀地偏移三维实体的面时，可以使用"偏移面"命令。当偏移的距离为正值时，可以增大三维实体尺寸或体积；为负值时，则会减小实体的尺寸或体积。用户可以通过以下几种方法执行"偏移面"命令。

● 在功能区的"常用"选项卡中，单击"实体编辑"面板中的"偏移面"按钮 ◼ 偏移面 ▾ 。

● 在菜单栏中执行"修改>实体编辑>偏移面"命令。

执行上述任一操作后，选择需要偏移的面，如下左图所示。根据命令窗口的提示指定偏移的距离，这里指定为7，即可完成对指定面的偏移，如下右图所示。

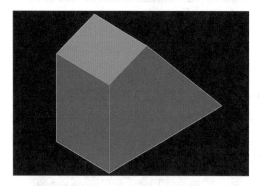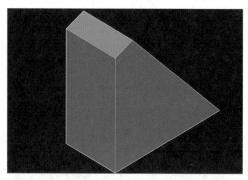

（6）着色面

"着色面"命令主要用于改变三维模型的实体表面颜色，方便用户展示复杂的三维模型的内部细节。用户可以通过以下操作来执行"着色面"命令。

● 在菜单栏中执行"修改>实体编辑>着色面"命令。

● 在命令窗口中输入"SOLIDEDIT"命令，并按回车键或空格键。

执行以上任一操作后，根据命令行提示选择"面（F），颜色（L）"选项，根据提示选择需要着色的面，按回车键确定，如下左图所示。在弹出的"选择颜色"对话框中选择颜色，即可完成着色，如下右图所示。

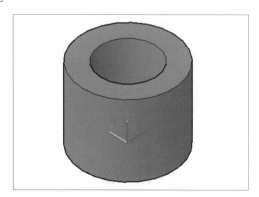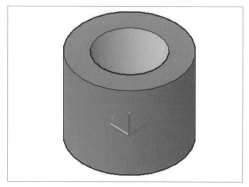

8.5.10　三维实体面的抽壳

一般来说我们绘制的三维实体是实心的，但是很多情况下，比如作为壳体的时候，其内部是需要进行抽壳处理的，这时可以通过"抽壳"命令将其转换为壳体或者中空薄壁，该命令可以将三维实体上选中的面进行偏移形成中空效果。用户可以使用以下几种方法执行"抽壳"命令。

- 在功能区的"常用"选项卡中，单击"实体编辑"面板中的"抽壳"按钮■。
- 在功能区的"实体"选项卡中，单击"实体编辑"面板中的"抽壳"按钮■。
- 在菜单栏中执行"修改>三维操作>抽壳"命令。

执行上述任一操作后，选择需要进行抽壳的面，如下左图所示。然后根据命令行提示，设置壳体的厚度，这里设置为2，即可完成抽壳处理，如下右图所示。

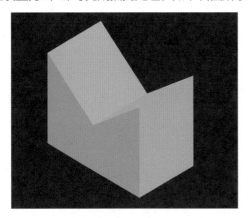 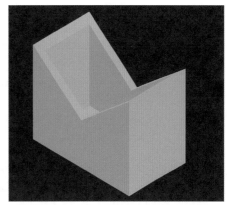

8.5.11　三维实体的剖切

用户可以使用"剖切"命令，对现有实体执行剖切操作来创建新实体。剖切可以通过多种方式定义剪切平面，包括制定点或者曲面及平面对象。实体被剖切后可以保留一半或者全部，剖切的实体依旧保留原有实体的属性及颜色特性。用户可以通过以下几种方法来执行"剖切"命令。

- 在功能区的"常用"选项卡中的"实体编辑"面板中单击"剖切"按钮▶。
- 在功能区的"实体"选项卡中的"实体编辑"面板中单击"剖切"按钮▶。
- 在菜单栏中执行"修改>三维操作>剖切"命令。
- 在命令窗口中输入"SLICE"命令，并按回车键或空格键。

执行以上任意一种操作，根据命令行提示选择剖切对象，按回车键，根据提示选择XY平面为剖切面，指定UCS原点为XY平面上的点，并选择需要保留的侧面，完成剖切。下左图为原实体，下右图为剖切后实体。

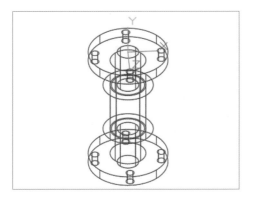 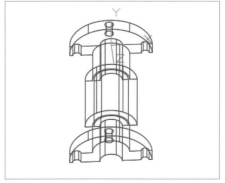

知识延伸：三维基本曲面的绘制

使用三维命令可以绘制三维的基本曲面，例如长方体曲面、圆锥体曲面、球面、楔体曲面、网格和棱锥曲面等。

（1）网格长方体的绘制

网格长方体主要用于创建长方体或正方体的表面。在默认情况下，长方体表面的底面总是与当前用户坐标系的XY平面平行。在菜单栏中执行"绘图>建模>网格>图元>长方体"命令，根据命令行提示，指定长方体底面方形的起点和终点，并指定长方体的高，即可完成网格长方体的绘制，如下左图所示。

（2）网格圆锥体的绘制

该命令可以创建以圆或椭圆为底面的网格圆锥体。在默认情况下，网格圆锥体的底面位于当前UCS的XY平面上，圆锥体的高度与Z轴平行。在菜单栏中执行"绘图>建模>网格>图元>圆锥体"命令，指定底面中心点和底面半径值，拖拽鼠标至指定高度，即可完成网格圆锥体的创建，如下右图所示。

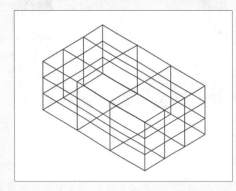 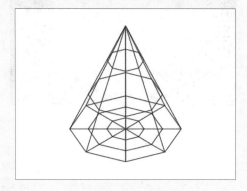

（3）网格楔体的绘制

该命令可以创建面为矩形或正方形的网格楔体。在默认情况下，将楔体的底面绘制与当前UCS的XY平面平行，斜面正对第一个角点，楔体的高度与Z轴平行。在菜单栏中执行"绘图>建模>网格>图元>楔体"命令，指定楔体底面两个角点，并指定好楔体高度，即可完成网格楔体的创建，如下左图所示。

（4）网格圆柱体的绘制

该命令可以创建以圆或椭圆为底面的网格圆柱体。在默认情况下，网格圆柱体的底面位于当前UCS的XY平面上，圆柱体的高度与Z轴平行。在菜单栏中执行"绘图>建模>网格>图元>圆柱体"命令，指定底面中心点和底面半径，指定圆柱体的高，即可完成网格圆柱体的创建，如下右图所示。

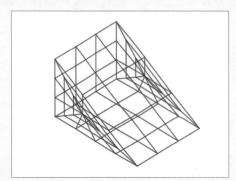 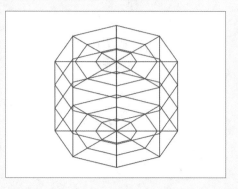

上机实训：绘制摇臂连杆

在学习了本章知识后，相信用户对如何绘制和编辑三维实体有了一定的认识，下面将以绘制摇臂连杆为例，进一步加深对本章知识的了解。

扫码看视频

步骤 01 首先将当前工作界面设为"草图和注释"，使用"圆形"命令绘制一组同心圆，如下左图所示。

步骤 02 接下来使用"直线"命令，绘制辅助线以定位下一组同心圆的圆心，如下右图所示。

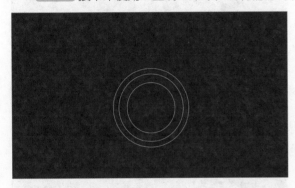
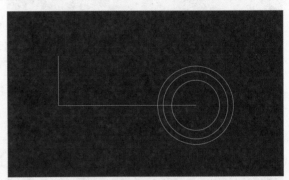

步骤 03 再次使用"圆形"命令绘制一组同心圆，并将辅助线删除，如下左图所示。

步骤 04 执行"圆心"命令，这里使用"相切/相切/半径"方式绘制圆形，如下右图所示。

步骤 05 使用和上一步相同的方法绘制另外一个圆形，如下左图所示。

步骤 06 使用"修剪"命令，将多余的部分修剪掉，如下右图所示。

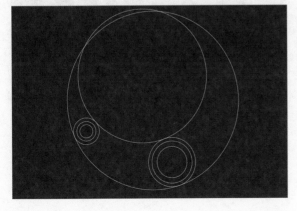

步骤 07 使用"偏移"命令、"修剪"命令、"复制"命令和"移动"命令，将摇臂连杆的各个部分拆解，并将各部分转换为闭合的多段线，如下左图所示。

步骤 08 将工作界面切换为"三维建模"，同时将视角切换为"西南等轴测"，如下右图所示。

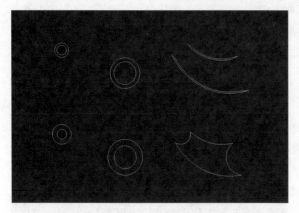 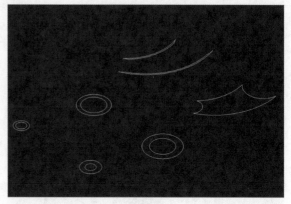

步骤 09 使用"拉伸"命令，将各部分根据需要的高度进行拉伸，如下左图所示。

步骤 10 使用"差集"命令，得到4个圆环，如下右图所示。

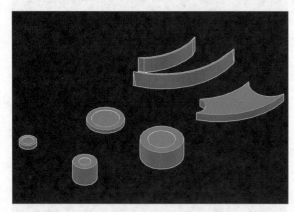 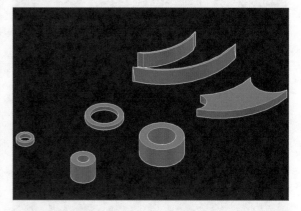

步骤 11 切换为"俯视"视图，使用"三维移动"命令，将各部分组合，如下左图所示。

步骤 12 使用"复制"命令，将另外两个圆环各复制一次，如下右图所示。

 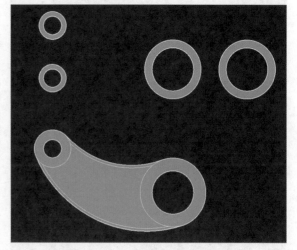

步骤13 使用"三维移动"命令,将4个圆环各自移动到对应的地方,这时可以将视觉样式切换为"X射线",如下左图所示。

步骤14 使用"差集"命令,对所需的部分进行修剪,如下右图所示。

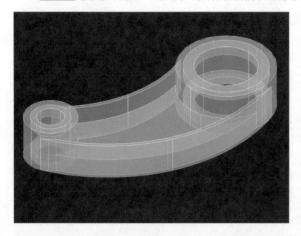 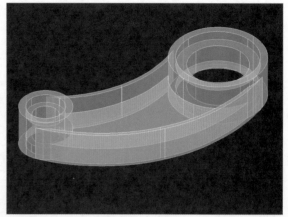

步骤15 使用"三维移动"命令,将其他部分移动到对应的位置,如下左图所示。

步骤16 使用"并集"命令,将各部分合并,并将视觉样式切换为"真实",如下右图所示。

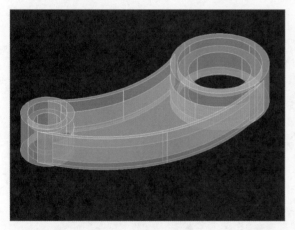 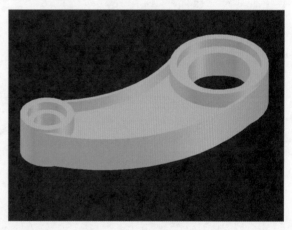

步骤17 使用"圆角边"命令,将所需的位置进行圆角边处理。至此,本案例绘制完成,最终效果如下图所示。

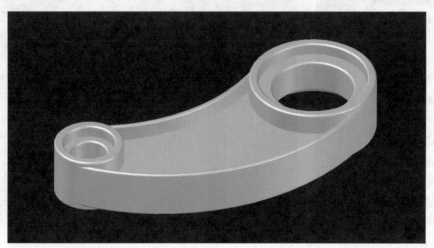

课后练习

通过本章的学习，相信用户对于如何绘制和编辑三维实体有了一定的认识，下面再结合课后习题，巩固本章所学的知识。

一、选择题

（1）（　　　）命令可以创建一个对称的三维实体。

A. 抽壳　　　　　　　　　　　　　　　B. 倒圆角

C. 阵列　　　　　　　　　　　　　　　D. 镜像

（2）在对三维实体的边进行编辑时，可以执行（　　）命令。

A. 移动面　　　　　　　　　　　　　　B. 拉伸面

C. 旋转面　　　　　　　　　　　　　　D. 以上都是

（3）若需要将三维实体从另外一个三维实体中删除，则需要执行（　　）命令。

A. 实体−交集操作　　　　　　　　　　B. 实体−裁剪操作

C. 实体−并集操作　　　　　　　　　　D. 实体−差集操作

（4）三维实体面的编辑不包括（　　　）。

A. 偏移　　　　　　　　　　　　　　　B. 偏转

C. 拉伸　　　　　　　　　　　　　　　D. 移动

二、填空题

（1）在进行实体旋转时，需要指定_____和_____。

（2）如果需要将一个三维实体分为两个三维实体，需要执行_____命令。

（3）执行_____命令，可以将边线从三维实体中提取出来。

三、上机题

（1）使用"螺旋线"命令、"扫掠"命令绘制弹簧，如下左图所示。

（2）使用"拉伸"命令、"差集"命令、"镜像"命令等绘制带方形座的轴承，如下右图所示。

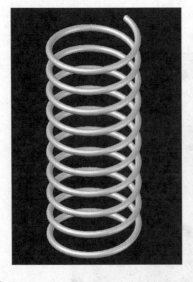
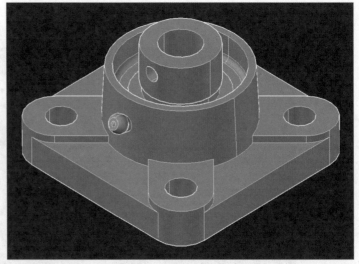

第二部分

综合案例篇

学习完基础知识部分后，下面将以案例的形式对AutoCAD实操绘图的具体方法进行灵活运用和串联，从而制作出丰富、真实的效果图。综合案例篇共包含3章内容，对AutoCAD的应用热点进行理论分析和案例讲解，在巩固基本知识的同时，使读者能够根据具体操作步骤体验AutoCAD在实践工作中的具体应用。

Ⓐ 第9章 绘制低速轴及低速齿轮

本章概述

本章以绘制低速轴及低速齿轮为例，来综合运用基础知识部分的相关操作。在根据需要进行计算后，即可开始绘制低速轴和低速齿轮。

核心知识点

❶ 绘制局部放大视图
❷ 添加表面粗糙度
❸ 添加技术要求
❹ 绘制图框

9.1 绘制低速轴

这里需要绘制的是低速轴。根据计算结果，首先需要绘制主视图，接下来根据视图绘制剖面视图及局部放大图。在上述视图均绘制完成后，需要为其添加表面粗糙度以及技术要求，并绘制图框，以完成图形的绘制。

9.1.1 绘制主视图

首先需要绘制的是低速轴的主视图，在这里需要用到"直线"命令。低速轴是回转体，所以在绘制上半部分后，通过"镜像"命令，就可以得到完整的低速轴主视图。以下详细讲解操作方法。

扫码看视频

步骤 01 新建图形文件后，打开"图层特性管理器"面板，根据需要创建图层，如下左图所示。

步骤 02 将"中心线"图层设为当前图层，并使用"直线"命令绘制一条水平的中心线，如下右图所示。

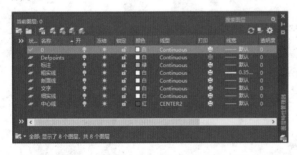

步骤 03 接下来将"粗实线"图层设为当前图层，执行"直线"命令，绘制低速轴的上半部分，如下左图所示。

步骤 04 接着执行"镜像"命令，得到低速轴的下半部分，如下右图所示。

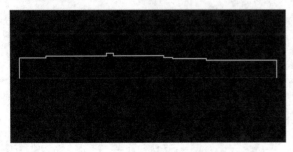
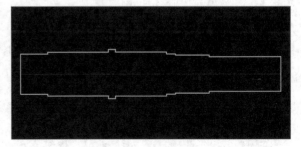

步骤05 执行"延伸"命令，将竖直方向的线段进行延伸，如下左图所示。

步骤06 执行"圆形"命令，绘制两个圆形，如下右图所示。

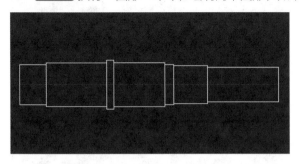 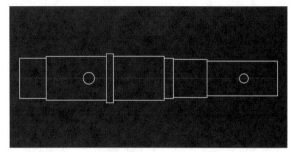

步骤07 再次执行"直线"命令，沿着两个圆形的外边交点绘制两条直线。执行"修剪"命令，将多余的部分修剪掉，如下左图所示。

步骤08 执行"倒角"命令，在低速轴上需要装配齿轮，在轴承的入口处需要添加倒角，如下右图所示。

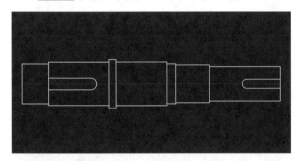 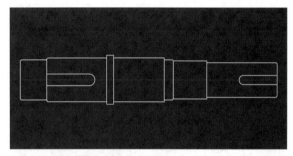

步骤09 接着执行"直线"命令，根据上一步绘制的倒角，绘制对应的直线。至此，主视图已绘制完成，如下图所示。

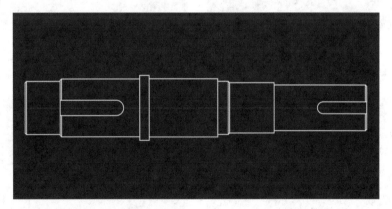

9.1.2 绘制剖面视图及局部放大图

低速轴设计带有键槽，这在主视图中无法直观地表现，因此需要绘制剖面视图。同时因为图纸的图幅有限，有部分细节在主视图中是看不清的，因此需要绘制局部放大图。以下是对方法的详细讲解。

扫码看视频

步骤01 将"细实线"图层设为当前图层，执行"多段线"命令，绘制一个箭头，并进行图案填充，如下页左上图所示。

步骤02 执行"多段线"命令，绘制一条直角多段线后，执行"镜像"命令，如下页右上图所示。

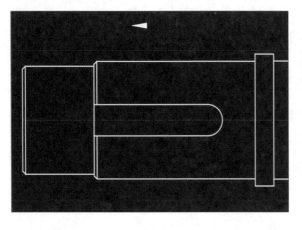 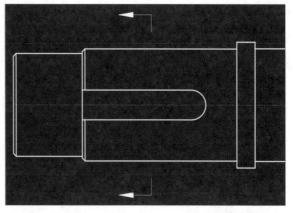

步骤 03 将"文字"图层设为当前图层，执行"多行文字"命令，在绘制的箭头左侧添加文字，如下左图所示。

步骤 04 将"粗实线"图层设为当前图层，根据轴径执行"圆形"命令，绘制一个圆形，如下右图所示。

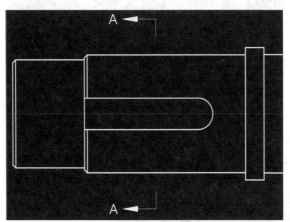 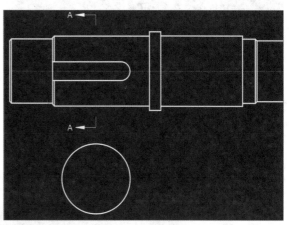

步骤 05 将"中心线"图层设为当前图层，为上一步绘制的圆形添加中心线，如下左图所示。

步骤 06 接着执行"偏移"命令，将中心线根据轴径和键槽分别进行偏移，如下右图所示。

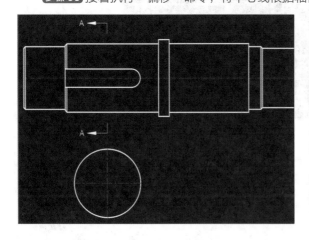 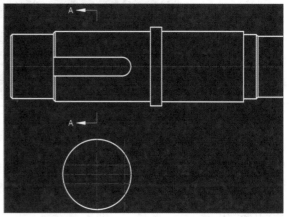

步骤 07 将"粗实线"图层设为当前图层，并根据上一步偏移的中心线，执行"直线"命令，绘制直线并将辅助线删除，如下页左上图所示。

步骤08 执行"修剪"命令，将多余的部分修剪掉，如下右图所示。

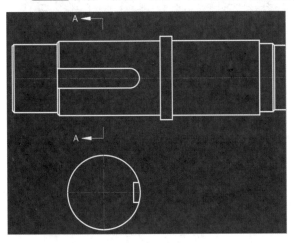
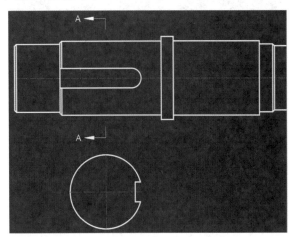

步骤09 将"剖面线"图层设为当前图层，为剖面视图添加剖面线，如下左图所示。

步骤10 将"文字"图层设为当前图层，执行"多行文字"命令，并添加文字，如下右图所示。

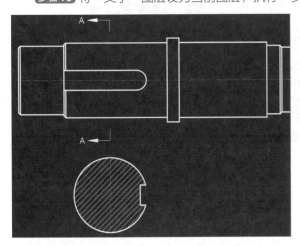
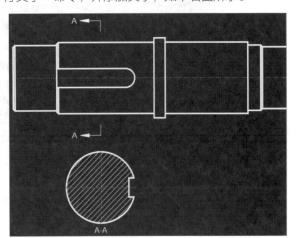

步骤11 在另一侧键槽处也需要绘制剖面视图，如下左图所示。

步骤12 接着执行"圆形"命令，在低速轴中部绘制一个圆形，如下右图所示。

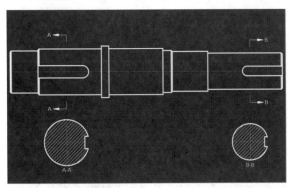
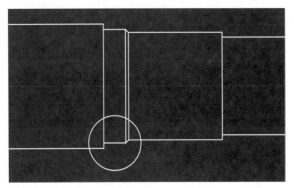

步骤13 执行"复制"命令，将这部分复制并移动到合适的位置，如下页左上图所示。

步骤14 执行"修剪"命令，将多余的部分修剪掉，并执行"缩放"命令，进行缩放，如下页右上图所示。

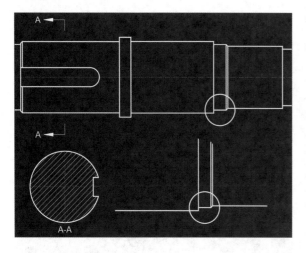
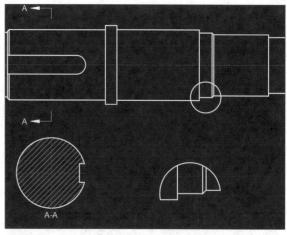

步骤 15 将"文字"图层设为当前图层,执行"多行文字"命令,为局部放大图添加文字。至此,剖面视图和局部放大图均已绘制完成,如下图所示。

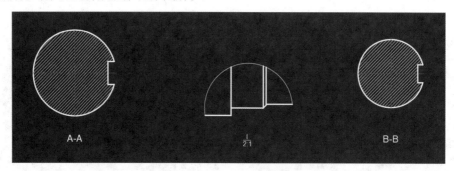

9.1.3 添加尺寸标注

在主视图、剖面视图以及局部放大图均绘制完成后,需要对标注样式进行设置,并添加尺寸标注,以下是对方法的详细讲解。

扫码看视频

步骤 01 将"标注"图层设为当前图层,并打开"修改标注样式"选项面板,根据图形的尺寸对箭头大小、文字高度等进行设置,如下左图所示。

步骤 02 设置完成后,执行"线性"命令,为低速轴添加尺寸标注,如下右图所示。

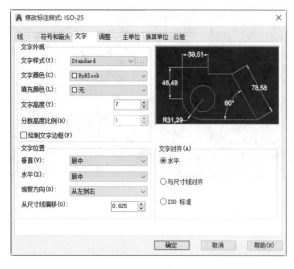
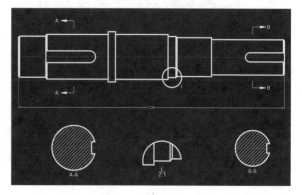

步骤 03 以上一步的线性标注为基点，执行"连续"命令，添加连续标注，如下左图所示。

步骤 04 再次执行"线性"命令，添加轴径线性标注，如下右图所示。

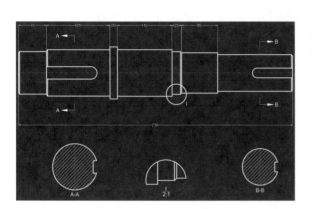 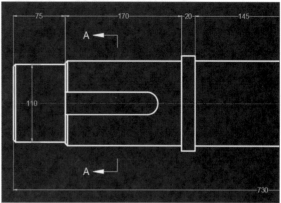

步骤 05 双击标注，在标注前添加直径符号，在标注后添加轴公差，如下图所示。

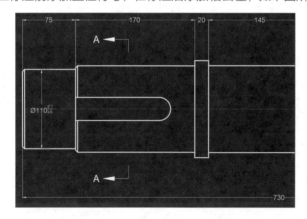

步骤 06 以同样的方式在其他轴径处添加尺寸标注，并完善其尺寸标注，如下图所示。

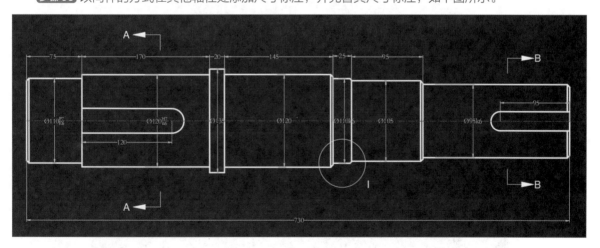

步骤 07 继续执行"线性"命令，为"A-A"剖面视图添加尺寸标注，如下页左上图所示。

步骤 08 同样的方式，为"B-B"剖面视图添加尺寸标注，如下页右上图所示。

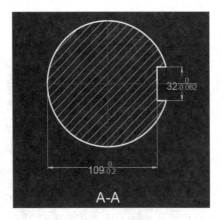

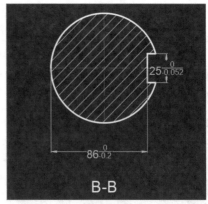

步骤 09 打开"标注样式管理器"对话框,以当前标注为基础样式新建标注样式,这里命名为"局部放大图",如下左图所示。

步骤 10 单击"继续"按钮,打开"修改标注样式"对话框,切换到"主单位"选项卡,对"比例因子"选项进行设置,如下右图所示。

步骤 11 设置完成后单击"继续"按钮,关闭"样式管理器"对话框。执行"线性"命令,为局部放大图添加尺寸标注。至此,所有的尺寸标注均已完成,如下图所示。

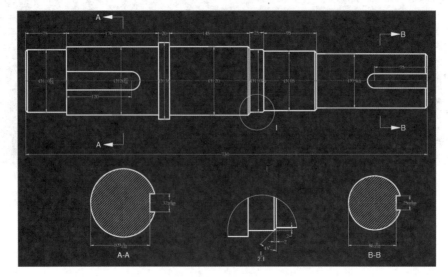

9.1.4 添加表面粗糙度及技术要求

扫码看视频

在尺寸标注完成后，需要根据低速轴各轴端的装配要求，添加表面粗糙度。这里需要创建属性图块，根据装配要求设定表面粗糙度，同时还需要添加技术要求。以下是对方法的详细讲解。

步骤01 将"细实线"图层设为当前图层，并执行"直线"命令，绘制表面粗糙度符号，如下左图所示。

步骤02 打开"属性定义"对话框，并在"属性"选项组输入对应的属性值，如下右图所示。

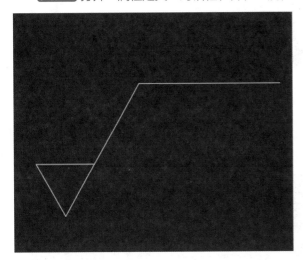
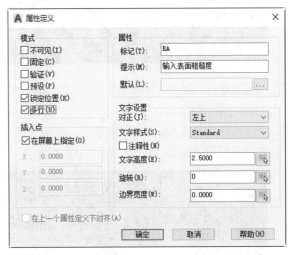

步骤03 在"模式"选项组勾选"多行"复选框，并单击"默认"选项后的"打开多行编辑器"按钮，跳转至绘图窗口创建多行文字，如下左图所示。

步骤04 多行文字绘制完成会再次跳转至"属性定义"对话框，在"文字设置"选项组中对相关参数进行设置，如下右图所示。

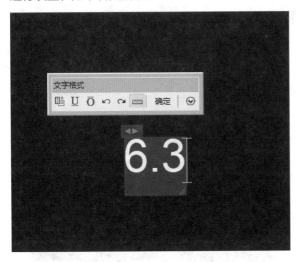
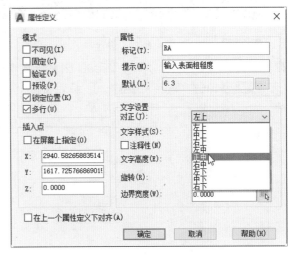

步骤05 绘制完成后单击"确定"按钮，关闭"属性定义"对话框。执行"移动"命令，将属性文字移动到适合的位置，如下页左上图所示。

步骤06 同时选中表面粗糙度符号和属性文字，创建图块，打开"写块"对话框，并指定图块名称和存储路径，如下页右上图所示。

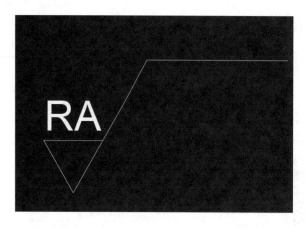
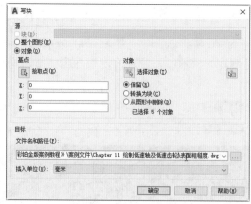

步骤 07 在"基点"选项组中单击"拾取点"按钮,将会自动跳转至绘图窗口,这里需要指定一个基点,如下左图所示。

步骤 08 指定基点后会再次跳转至"写块"对话框,在这里可以看到当前基点的坐标值,同时需要在"对象"选项组中选择"转换为块"单选按钮,如下右图所示。

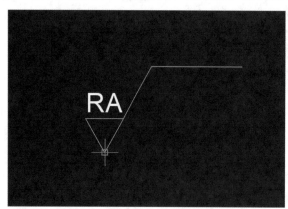
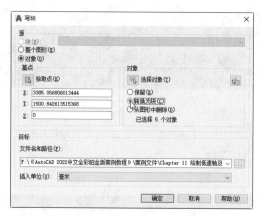

步骤 09 设置完成后单击"确定"按钮,关闭"块定义"对话框。此时会自动弹出"编辑属性"对话框,在这里可以再次对"默认"选项值进行编辑,如下左图所示。

步骤 10 单击"确定"按钮关闭"编辑属性"对话框,此时可以看到含有属性定义的图块已经创建完成,如下右图所示。

步骤 11 如果需要编辑属性定义中的文字,可以双击属性图块,这时会弹出"增强属性编辑器"对话框,如下页左上图所示。

步骤 12 如果需要对属性值进行修改,则需要单击"值"选项后面的"打开多行编辑器"按钮,跳转至绘图窗口对多行文字进行编辑,如下页右上图所示。

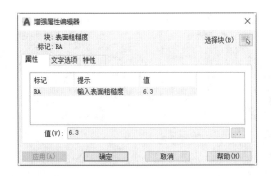

步骤 13 编辑完成后会再次跳转至"增强属性编辑器"对话框，这时可以看到"值"选项已经发生变化，如下左图所示。

步骤 14 设置完成后单击"确定"按钮以关闭"增强属性编辑器"对话框，这时可以执行"复制"命令，复制图块，并对图块的属性值分别进行设置，如下右图所示。

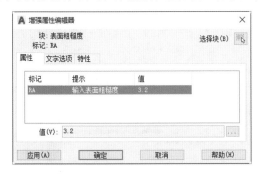
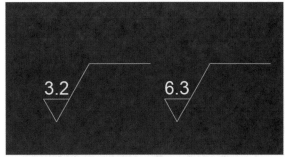

步骤 15 执行"复制""移动""旋转"和"缩放"命令，为低速轴添加表面粗糙度，如下图所示。

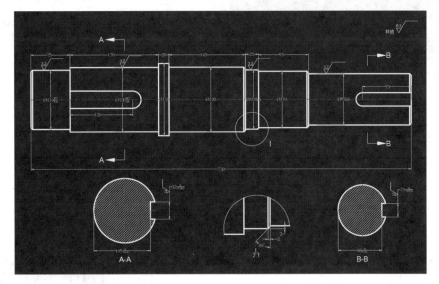

9.1.5 绘制图框并完善图形

接下来需要绘制图框和标题栏以完成图形文件，以下是对方法的详细讲解。

步骤 01 将"细实线"图层设为当前图层，然后执行"矩形"命令，绘制一个矩形，如下左上图所示。

步骤 02 将"粗实线"图层设为当前图层，再次执行"矩形"命令，绘制一个矩形，如下右上图所示。

扫码看视频

步骤 03 这里绘制的图框是标准图框，所以需要根据图形的大小执行"缩放"命令，对其进行调整后移动到合适的位置，如下左图所示。

步骤 04 接下来打开"表格样式"管理器，单击"新建"按钮，在弹出的"创建新的表格样式"对话框中输入新样式名，如下右图所示。

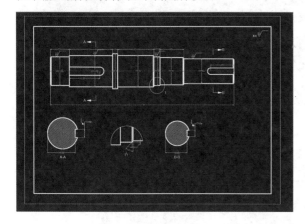

步骤 05 单击"继续"按钮，在弹出的"新建表格样式"对话框中对表格的相关参数进行设置，如下左图所示。

步骤 06 设置完成后单击"确定"按钮，回到"表格样式"管理器并单击"置为当前"按钮，将该表格样式置为当前，如下右图所示。

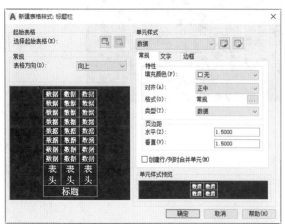
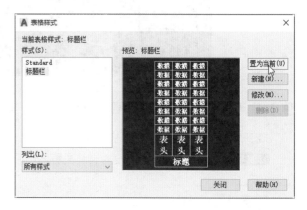

步骤 07 单击"关闭"按钮，关闭"表格样式"管理器，并打开"插入表格"对话框，对相关参数进行设置，如下左图所示。

步骤 08 单击"确定"按钮，即可创建表格。执行"移动"命令，将其移动到合适的位置，如下右图所示。

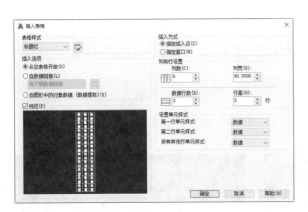

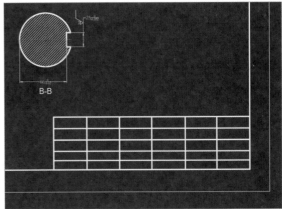

步骤 09 选中表格的前两行、前三列，右击并在弹出的快捷菜单中执行"合并>全部"命令，如下左图所示。

步骤 10 对于其他需要合并的单元格执行同样的操作，如下右图所示。

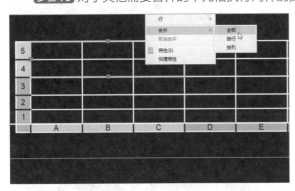

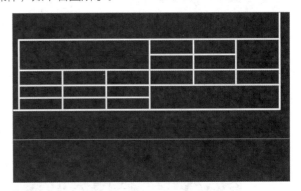

步骤 11 表格绘制完成后双击单元格并输入所需的文字，同时需要根据单元格的大小对文字的高度进行调整，如下左图所示。

步骤 12 接下来将"文字"图层设为当前图层，创建多行文字并输入相关的技术要求。至此，低速轴图形已绘制完成，如下右图所示。

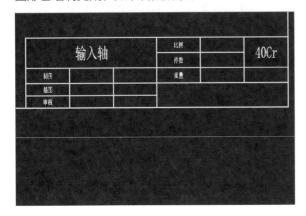

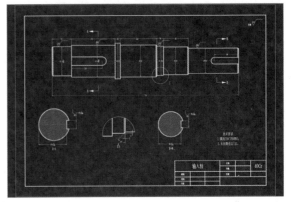

9.2 绘制低速齿轮

在低速轴绘制完成后，需要根据计算结果绘制低速齿轮。这里也需要从主视图开始绘制，并需要绘制剖面视图、添加尺寸标注以及表面粗糙度。以下是对方法的详细讲解。

9.2.1 绘制主视图

首先需要绘制主视图。低速齿轮是圆环体，因此这里主要用到的是"圆形"命令，同时要辅以其他绘图命令。以下是详细讲解。

扫码看视频

步骤01 在新建图形文件后，打开"图层特性管理器"对话框，根据需要创建图层，如下左图所示。

步骤02 将"粗实线"图层设为当前图层，使用"圆形"命令绘制一个圆形，如下右图所示。

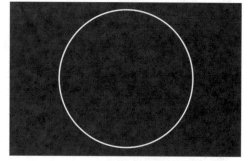

步骤03 将"中心线"图层设为当前图层，使用"直线"命令绘制中心线，如下左图所示。

步骤04 接下来执行"圆形"命令，根据当前齿轮的设计参数绘制齿根圆和分度圆，如下右图所示。

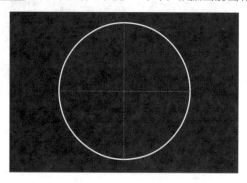
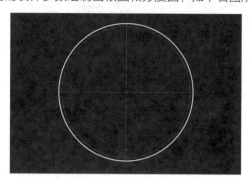

步骤05 将"粗实线"图层设为当前图层，使用"圆形"命令绘制一个圆形，如下左图所示。

步骤06 执行"偏移"命令，将水平方向和竖直方向的水平线进行偏移，如下右图所示。

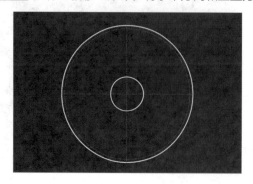
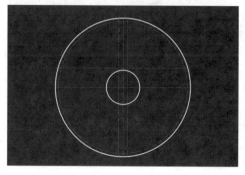

步骤 07 执行"直线"命令，绘制键槽部分。执行"修剪"命令，将键槽图形多余的部分修剪掉，如下左图所示。

步骤 08 执行"圆形"命令，绘制两个圆形，如下右图所示。

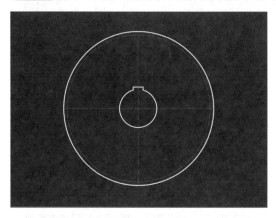 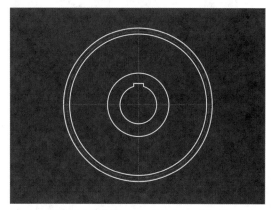

步骤 09 执行"偏移"命令，将竖直方向的水平线进行偏移，如下左图所示。

步骤 10 执行"直线"命令，绘制拉筋。执行"修剪"命令，将多余的部分修剪掉，如下右图所示。

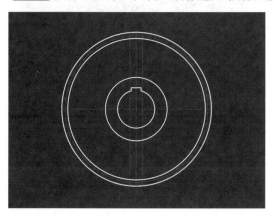 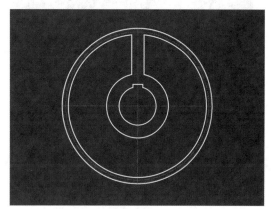

步骤 11 执行"阵列"命令，将拉筋部分进行环形阵列，阵列数量为4，如下左图所示。

步骤 12 执行"分解"命令，将上一步绘制的阵列分解。再执行"修剪"命令，将多余的部分修剪掉，如下右图所示。

步骤 13 将"中心线"图层设为当前图层，执行"圆形"命令，绘制中心线，如下页左上图所示。

步骤 14 执行"直线"命令，绘制辅助直线，如下页右上图所示。

 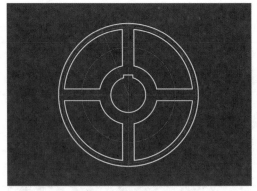

步骤 15 将"粗实线"图层设为当前图层,执行"圆形"命令绘制圆形,如下左图所示。

步骤 16 执行"阵列"命令,对上一步绘制的圆形进行阵列。至此,低速齿轮的主视图已经绘制完成,如下右图所示。

9.2.2 绘制剖面视图

在主视图绘制完成后,为了能够表现出内部结构,需要根据视图关系绘制剖面视图。以下是详细讲解。

扫码看视频

步骤 01 将"细实线"图层设为当前图层,执行"多段线"命令,绘制一个箭头,并进行图案填充,如下左图所示。

步骤 02 执行"多段线"命令,绘制一条直角多段线后,执行"镜像"命令,如下右图所示。

步骤 03 将"文字"图层设为当前图层,执行"多行文字"命令,添加文字,如下页左上图所示。

步骤 04 执行"旋转"命令,将剖面视图的符号进行旋转,如下页右上图所示。

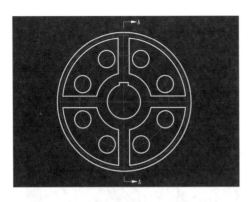
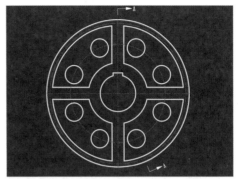

步骤 05 将"中心线"图层设为当前图层,执行"直线"命令,绘制辅助线,如下左图所示。

步骤 06 执行"偏移"命令,对辅助线进行偏移,如下右图所示。

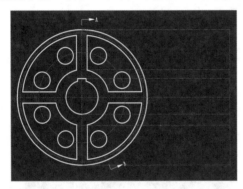

步骤 07 将"粗实线"图层设为当前图层,执行"直线"命令,绘制剖面视图外轮廓,如下左图所示。

步骤 08 再次执行"直线"命令,绘制内部线段后删除辅助线,并绘制中心线,如下右图所示。

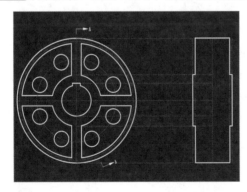
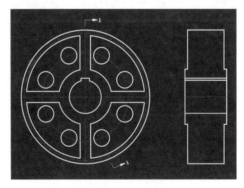

步骤 09 将"中心线"图层设为当前图层,并绘制辅助线,如下左图所示。

步骤 10 执行"偏移"命令,将辅助线进行偏移,如下右图所示。

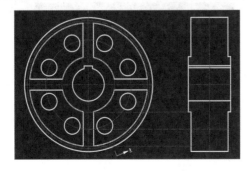
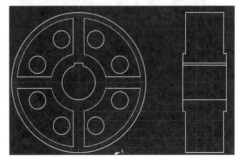

步骤11 将"粗实线"图层设为当前图层,执行"直线"命令,绘制内部线段,如下左图所示。

步骤12 将辅助线删除后,执行"倒角"命令,对低速齿轮进行倒角处理,如下右图所示。

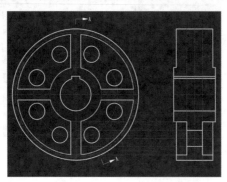 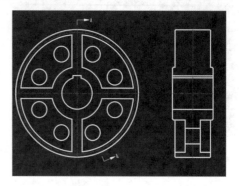

步骤13 执行"圆角"命令,为剖面视图内部添加圆角,如下左图所示。

步骤14 执行"直线""修剪"命令,根据圆角添加并修剪线段,如下右图所示。

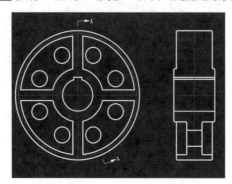 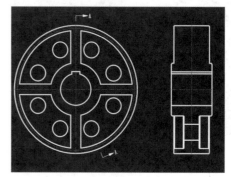

步骤15 执行"偏移""直线"命令,为轴孔处添加线段,如下左图所示。

步骤16 执行"修剪"命令,修剪多余的部分,如下右图所示。

 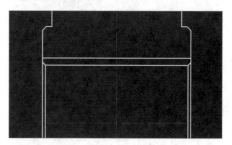

步骤17 将"剖面线"图层设为当前图层,执行"图案填充"命令,添加剖面线,如下左图所示。

步骤18 将"文字"图层设为当前图层,并添加剖面文字,如下右图所示。

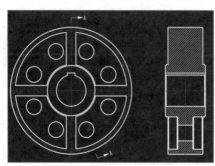 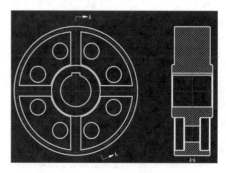

步骤19 根据剖面视图中的倒角和圆角，执行"直线""圆形""偏移"等命令，在主视图中添加对应的线段，如下图所示。

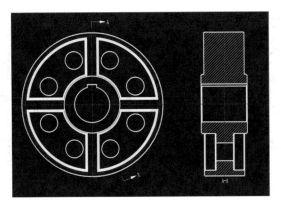

9.2.3 添加尺寸标注

在主视图及剖面视图绘制完成后，需要对标注样式进行设置，并为图形文件添加尺寸标注。以下是详细讲解。

扫码看视频

步骤01 将"标注"图层设为当前图层，并打开"修改标注样式"选项面板，根据图形的尺寸对箭头大小、文字高度等进行设置，如下左图所示。

步骤02 设置完成后，执行"线性"命令，为剖面视图添加水平方向的线性标注，效果如下右图所示。

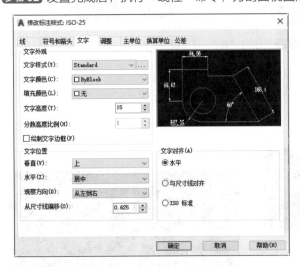

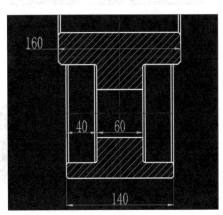

步骤03 继续执行"线性"命令，添加竖直方向的线性标注，如下左图所示。

步骤04 双击标注，在上一步添加的线性标注前添加直径符号以及公差，如下右图所示。

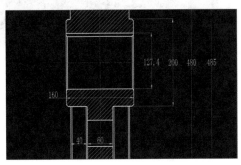

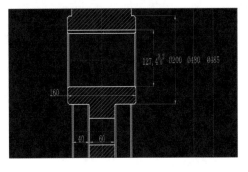

步骤 05 执行"直径"命令,在主视图添加尺寸标注,如下左图所示。

步骤 06 执行"线性"命令,添加线性标注,如下右图所示。

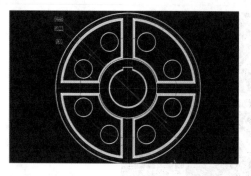 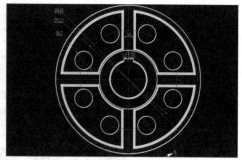

步骤 07 绘制辅助线,并执行"角度"命令,添加角度标注,如下左图所示。

步骤 08 打开"多重引线样式管理器"对话框,并单击"修改"按钮,如下右图所示。

 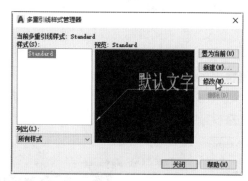

步骤 09 在弹出的"修改多重引线样式"对话框中对相关的参数进行设置,如下左图所示。

步骤 10 设置完成后执行"多重引线"命令,为倒角及倒圆角添加引线标注,如下右图所示。

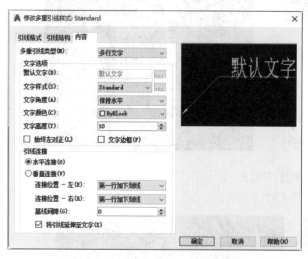 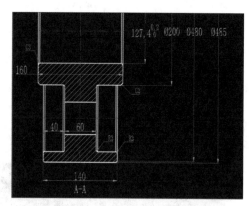

9.2.4 添加表面粗糙度并完善图纸

上一节已经创建的表面粗糙度图块，在这里完善图纸时可以将其沿用。以下是详细讲解。

步骤01 执行"插入"命令打开"块"选项面板，打开"收藏夹"选项卡找到图块路径，如下左图所示。

步骤02 将图块拖拽入图形文件中，并对图块的角度、大小和属性值进行调整，如下右图所示。

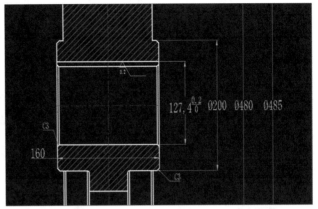

步骤03 接下来将上一节绘制的图框及标题栏插入到当前图形文件中，如下左图所示。

步骤04 将"文字"图层设为当前图层，添加技术要求，如下右图所示。

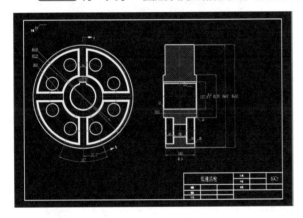
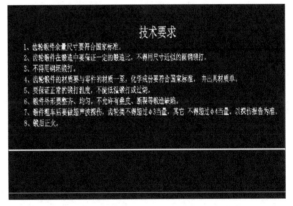

步骤05 打开"插入表格"对话框，在这之中对相关参数进行设置，如下左图所示。

步骤06 插入表格后，将其移动至合适的位置，并在表格中输入参数。至此，低速齿轮已绘制完成，如下右图所示。

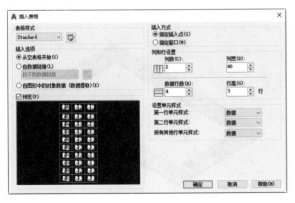
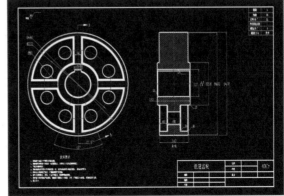

A 第10章 绘制水槽三维图

本章概述

本章结合前面所学习的CAD三维绘图知识，先绘制出平面图，利用平面图来绘制机械三维图。通过绘制机械零件图的学习，用户可以熟练掌握前面章节所学的内容，为以后的工作打好基础。

核心知识点

① 掌握编辑二维图形工具的应用
② 掌握三维建模工具的应用
③ 掌握编辑三维模型工具的应用

10.1 绘制洗手池安装板

我们需要绘制的洗手池主体分为三部分，分别是安装板、台面和槽体。本节将介绍如何绘制安装板，主要用到的命令有"拉伸"命令、"三维移动"命令和"差集"命令等，以下为详细介绍。

扫码看视频

步骤 01 启动AutoCAD 2022应用程序，新建图形文件，将工作空间切换至"草图和注释"，根据需要绘制安装板部分的二维草图，如下左图所示。

步骤 02 接下来将工作空间切换到"三维建模"，将标注隐藏，将视觉样式切换至"灰度"，将视图切换至"西南等轴测"视图，如下右图所示。

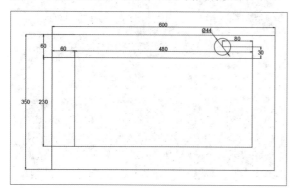
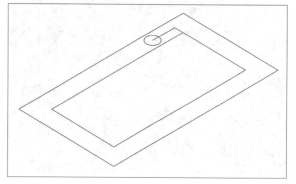

步骤 03 接下来使用"移动"命令，将圆形移动到矩形框外侧。选择两个矩形，执行"拉伸"命令，拉伸高度为2，如下左图所示。

步骤 04 执行"差集"命令，首先选择较大的矩形，被选中之后按下空格键。接下来选择小矩形并按下回车键，即可完成差集操作，如下右图所示。

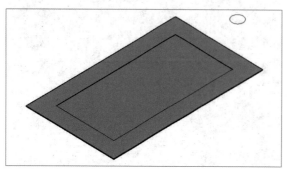
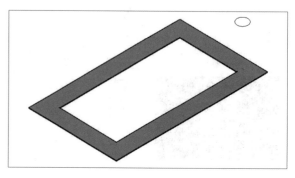

步骤 05 接下来选择移动到外侧的圆，执行"拉伸"命令，拉伸高度为2，同时将视觉样式切换为"二维线框"，如下左图所示。

步骤 06 执行"移动"命令，选择圆柱体的下表面的中心点作为移动点，将其移动到参考线的端点，并将参考线删除，如下右图所示。

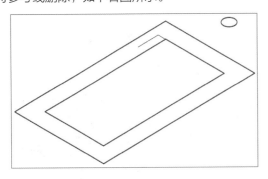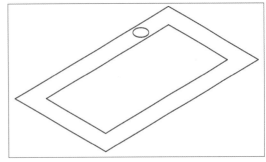

步骤 07 将视觉样式切换至"灰度"，同时执行"差集"命令，首先选择外框并按下空格键，接下来选择圆形并按下回车键，即可将圆孔部分切除。到这一步安装板便已绘制完成，如下图所示。

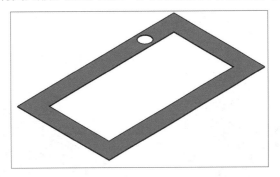

10.2 绘制洗手池台面

上一节讲解了如何绘制洗手池安装板，这里将介绍如何绘制洗手池台面部分，主要使用的命令有"拉伸"命令、"倒圆角"命令和"抽壳"命令，以下是详细讲解。

扫码看视频

步骤 01 将视图切换至"俯视"，视觉样式切换为"二维线框"，使用"多段线"命令绘制一个矩形，如下左图所示。

步骤 02 接下来将标注隐藏，将视图切换至"西南等轴测"，选择矩形，执行"拉伸"命令，拉伸高度为60，如下右图所示。

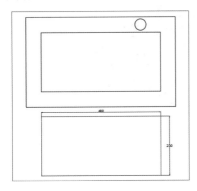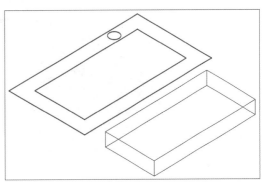

步骤 03 执行"圆角"命令,根据命令行中提示输入"r",并输入圆角半径为20,选择台面的底边并按回车键,如下左图所示。

步骤 04 将视觉样式切换至"灰度",执行"抽壳"命令,根据命令行中提示设置壳体厚度为10,同时选择台面的上表面作为抽壳面,进行抽壳处理,如下右图所示。

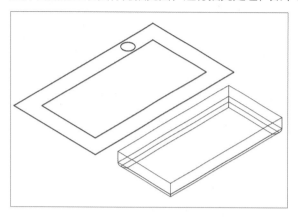
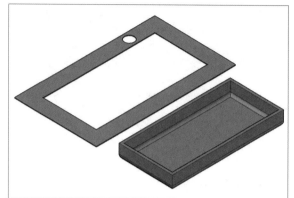

步骤 05 执行"三维移动"命令,选择台面的右上角基点作为移动的起始基点,选择安装板内框的右上角作为终点基点,将台面进行移动,如下左图所示。

步骤 06 绘制矩形并执行"拉伸"命令,拉伸高度为100,如下右图所示。

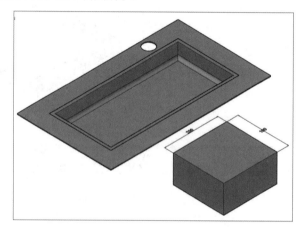

步骤 07 将标注隐藏并执行"三维移动"命令,选择长方体的右上角基点作为移动的起始基点,选择台面内部的底面的右上角作为终点基点,将台面进行移动,然后执行"差集"命令,如下图所示。

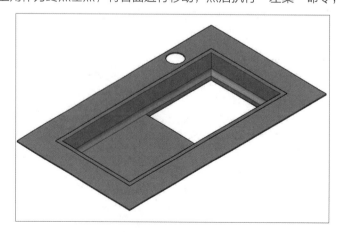

10.3　绘制水槽部分

这里将学习如何绘制水槽部分，这一部分的制作将使用"多段线"命令、"拉伸"命令和"抽壳"命令等，具体操作过程如下。

步骤 01 使用"多段线"命令绘制矩形并执行"拉伸"命令，拉伸高度为150，如下左图所示。

步骤 02 将标注隐藏，执行"抽壳"命令，选择长方体的上表面作为抽壳面，壳体厚度为2，如下右图所示。

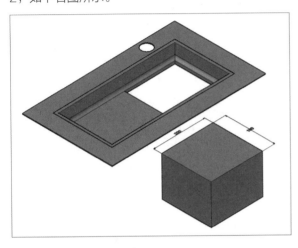
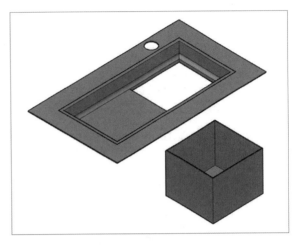

步骤 03 选择水槽部分，执行"三维移动"命令，选择水槽的右上角基点作为移动的起始基点，选择台面内部的底面的右上角作为终点基点，将台面进行移动，如下左图所示。

步骤 04 选择洗手池的三部分，执行"并集"命令。至此，洗手池的主体部分绘制完成，效果如下右图所示。

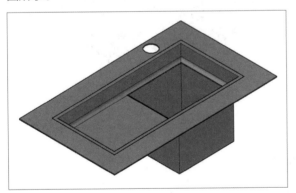
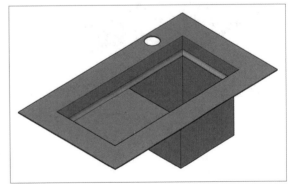

10.4　输入三维模型并进行装配

在洗手池的主体部分绘制完成之后，洗手池还是缺少部分零件，如水龙头、水管等。这里我们需要将相应的文件输入到当前图形文件中，通过"三维旋转"和"三维移动"命令完成洗手池的绘制，具体操作过程如下。

步骤 01 在菜单栏中执行"文件>输入"命令，在弹出的"输入文件"对话框中选择"水龙头.STEP"文件，并单击"打开"按钮，如下页左上图所示。

步骤02 在弹出的"输入-正在处理后台作业"对话框中单击"关闭"按钮，如下右图所示。

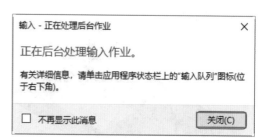

步骤03 三维文件输入之后，执行"三维旋转"命令，将其旋转至合适的方向，如下左图所示。

步骤04 接下来执行"三维移动"命令，选择水龙头的底部中点作为移动的起始基点，选择安装板的预留孔的中点作为终点基点，将水龙头进行移动，如下右图所示。

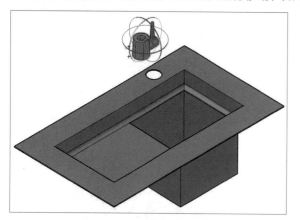

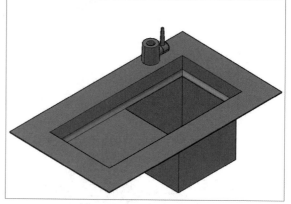

步骤05 接下来以同样的方法将"水管.STEP"文件输入到当前图形文件中，并根据需要执行"三维旋转"命令和"三维移动"命令。至此，本案例制作完成，最终效果如下图所示。

Ⓐ 第11章 绘制居室装修图

本章概述

本章以居室装修设计图为例，详细介绍了建筑室内设计施工图的绘制过程，其中包含平面图、平面布置图、地面布置图、顶棚布置图、立面图绘制等。通过本章学习，用户将掌握有关装修居室空间设计的相关知识和技巧。

核心知识点

❶ 掌握框架图的绘制
❷ 掌握尺寸布置图的绘制
❸ 掌握平面布置图的绘制
❹ 掌握立面图的绘制

11.1 绘制居室平面图

室内平面图是施工图纸中不可缺少的一部分，一般大型土建工程中的建筑图纸中包含了室内布置，但包含内容并没有室内装修完整图纸。在布局窗口绘图时，区分视口内外，在视口内绘图即在"模型"中绘图，在视口外绘图即在"布局"绘图，视口是显示"模型"图形的一个窗口。

11.1.1 绘制居室原始框架图

本小节介绍了居室原始框架平面的绘制，在绘制原始框架时，选择"模型"，在模型中绘制原始框架平面图，具体操作步骤介绍如下。

扫码看视频

步骤 01 启动AutoCAD 2022应用程序，在"默认"选项卡的"图层"中打开"图层管理器"面板，新建"轴线""墙体""门""窗"和"标注"等图层，并设置图层参数，如下左图所示。

步骤 02 双击"轴线"图层，将其设置为当前层，利用"直线""偏移"以及"修剪"命令，绘制直线并进行偏移修剪操作，绘制出轴线，如下右图所示。

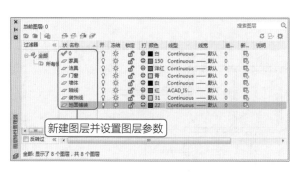

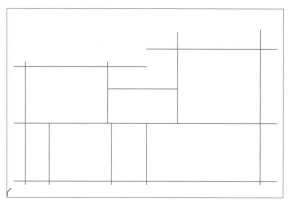

步骤 03 执行"格式>多线样式"命令，打开"多线样式"对话框，单击"新建"按钮，输入样式名为"墙体"，然后单击"继续"按钮，如下页左上图所示。

步骤 04 在"新建多线样式"对话框中，勾选直线的"起点"和"端点"复选框，单击"确定"按钮关闭对话框，如下页右上图所示。

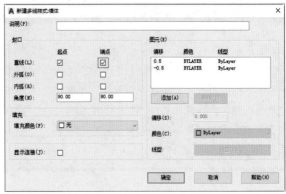

步骤 05 返回绘图区，选择"墙体"图层，执行"绘图>多线"命令，设置比例为240，对正方式为"无"，沿着轴线方向绘制墙体线，如下左图所示。

步骤 06 双击墙体多线，打开"多线编辑工具"对话框，如下右图所示。

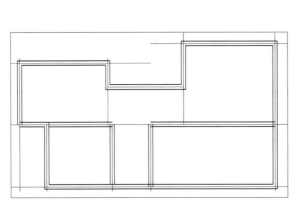

步骤 07 选择"T形合并"工具、"角点结合"工具、"T形打开"工具，对多线进行修剪编辑，如下左图所示。

步骤 08 再次执行"多线"命令，设置多线比例为120，绘制内墙线，如下右图所示。

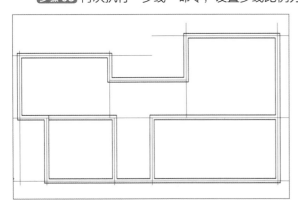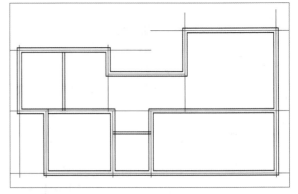

步骤 09 再次打开"多线编辑工具"对话框，选择"T形闭合"工具，编辑内墙线，如下页左上图所示。

步骤 10 选择门窗图层，执行"直线"命令，绘制长1500的窗户。执行"弧形"命令，绘制900的门，如下页右上图所示。

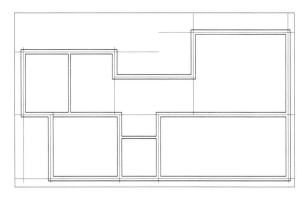 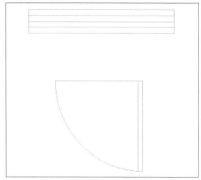

步骤11 选择窗户，在命令行中输入B，按回车键，打开"块定义"对话框，对窗进行创建块，如下左图所示。

步骤12 用同样的方法对门进行创建块，如下右图所示。

步骤13 在命令行中输入I，按回车键，插入窗户块，窗户块角度选择90度，如下左图所示。

步骤14 插入窗户时，将自动捕捉角点，对于不在角点处的窗户，可通过捕捉角点，光标移动，输入窗户距墙尺寸即可，然后按回车键确认插入，如下右图所示。

 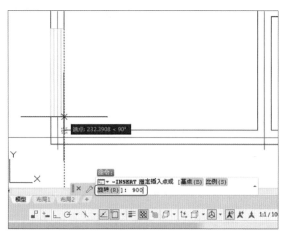

步骤15 将全部窗户插入完成，如下页左图所示。

步骤16 用同样的方法插入门，其中，主门防盗门与内门可以用"镜像"命令进行绘制。对于开门方向不同的门，也可先执行"插入"命令，再执行"镜像"命令，将源对象删除。将所有的门插入其中，如下页右图所示。

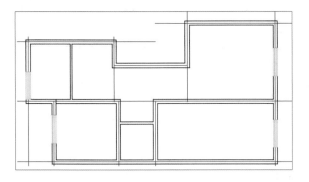 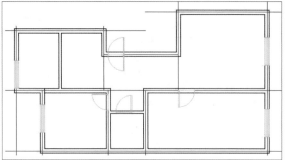

步骤 17 在厨房的120墙处设置推拉门，因推拉门仅有一个，可以直接绘制而不需要对门进行创建块，绘制完成的推拉门如下左图所示。

步骤 18 至此，我们将平面大样绘制完成。接下来将图纸切换至"布局"空间，进行装修设计，此时布局空间模式如下右图所示。

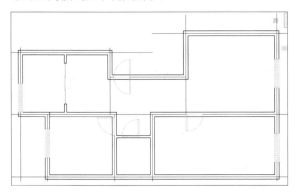 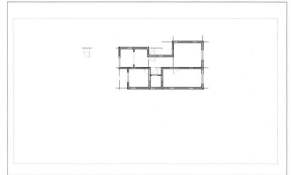

11.1.2　绘制居室尺寸布置图

本小节介绍如何利用"布局"绘制装修图纸。在原始框架绘制成功时，选择"布局1"，在布局中利用原始框架平面图绘制装饰装修图，具体操作步骤介绍如下。

扫码看视频

步骤 01 此时"布局1"中已给了一个默认视窗，我们单击蓝色线框，删除此布局。选择"0图层"，然后用矩形工具绘制A3图纸，执行"绘图>矩形"命令，输入"D"后按回车键，再分别输入长宽为420、297，按回车键确认，单击鼠标左键确定矩形绘制。此时绘制的矩形即为图纸大小，如下左图所示。

步骤 02 选择"defpoints图层"，在命令行输入"MV"，按回车键，绘制的矩形框即为视口窗口，如下右图所示。注意：此时defpoints图层在打印图纸时为不显示的线条。

 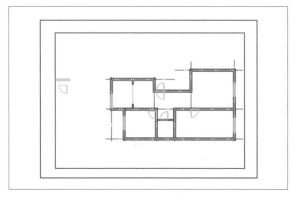

步骤 03 双击视口框内的绘图区域，此时视口线条为粗显线条，依次输入"Z>S>1/50XP"，按回车键确认。注意此时不要在绘图区域用滚轮放大或缩小图纸，将图形移动到视口中间，如下左图所示。

步骤 04 将光标移动至视口外的绘图区域双击，此时视口线条取消粗显，单击视口线条，选定视口，单击鼠标右键，在弹出的快捷菜单栏中选择"显示锁定>是"命令，如下右图所示。此时视口内的图形位置是锁定的，不可移动以及改变比例大小。

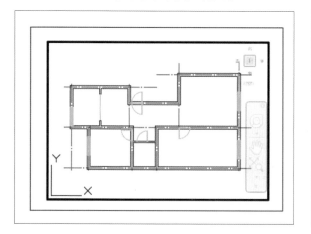
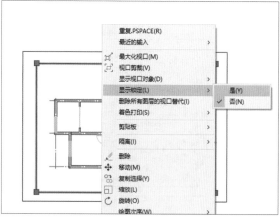

步骤 05 在视口内双击，执行"格式>标注样式"命令，在"新建尺寸标注"对话框的"符号和箭头"选项卡中设置箭头大小为50，如下左图所示。

步骤 06 在"文字"选项卡中设置"文字高度"为150，依次单击"确定""置为当前""关闭"按钮。打开"图层特性管理器"面板，显示"标注"图层，如下右图所示。

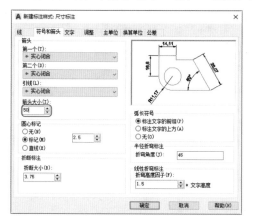
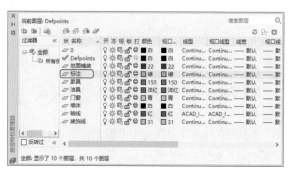

步骤 07 双击"标注"图层，执行"标注>线性"命令，对卧室进行尺寸标注。在线性标注结束后执行"标注>连续"命令，对其进行持续标注。双击视口绘图区域，选择"0图层"，执行"绘图>文字>单行文字"命令，在图纸下方输入"卧室尺寸定位图"文本，如右图所示。

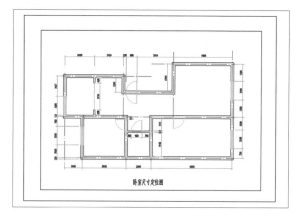

11.1.3　绘制居室平面布置图

扫码看视频

本小节介绍了如何利用布局绘制装修图纸。在原始框架绘制成功时，选择"布局1"，在布局中利用原始框架平面图绘制装饰装修图，利用已绘制的图纸及视口，对其进行复制，从而省去新建视口的操作。具体操作步骤介绍如下。

步骤 01 此时，第一张图纸绘制完成，用同样的方法绘制第二张图纸及视口，也可直接选择图纸线及视口线，输入"OP"执行复制命令，如下图所示。

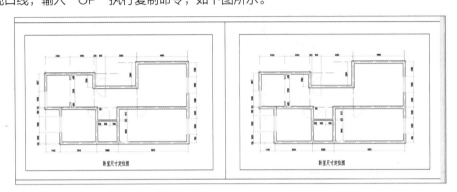

步骤 02 删除图纸文字标注。双击视口内绘图区域，打开"图层特性管理器"面板，将部分图层视口冻结，使其在视口中不显示，如下图所示。

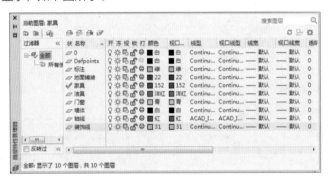

步骤 03 在菜单栏中执行"插入>块选项板"命令，或者在命令窗口中直接输入"I"按回车键，选择合适的块并插入，如下左图所示。

步骤 04 用户可以单击上方▣图标，在打开的"选择要插入的文件"对话框中导入外部图块，再插入需要的块，如下右图所示。

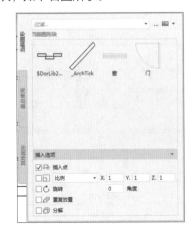

步骤 05 选择"家具"图层，将家具插入到视口内图形文件中，如下左图所示。

步骤 06 利用"移动""旋转""镜像"等命令将家具摆放整齐，如下右图所示。

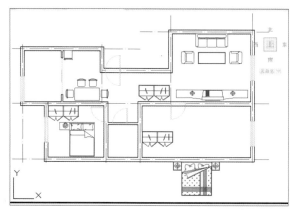
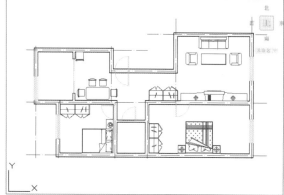

步骤 07 选择"洁具"图层，将洁具插入到视口内图形文件中，利用"移动""旋转""镜像"等命令将家具摆放整齐，如下左图所示。

步骤 08 在视口窗口外双击，执行"绘图>文字>单行文字"命令，对"居室平面布置图"进行文字说明，如下右图所示。

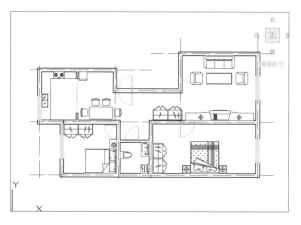
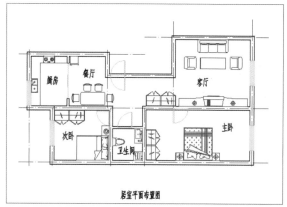

11.1.4 绘制居室天花布置图

本小节介绍如何绘制天花装饰。天花装饰中包含天棚装饰线条、吊顶装饰，以及灯具的位置及尺寸标注。在绘图过程中，应添加文字说明，让施工人员能看懂图纸如何施工。具体操作步骤如下。

扫码看视频

步骤 01 复制图纸和视口，将图纸名称更改为"居室天花布置图"，双击视口内绘图区域，打开"图层特性管理器"面板，将"家具"等图层全部关闭，并新建"天棚装饰"图层，如右图所示。

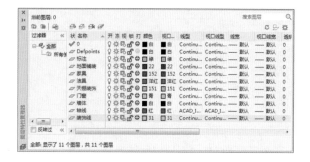

步骤 02 在视口窗口内双击，选择"天棚装饰"图层，执行"绘图>直线""绘图>多线段"或"绘图>矩形"命令，绘制石膏装饰线，如下左图所示。

步骤 03 将前两个图纸视口内的"天棚装饰"图层冻结，执行"修改>偏移"命令，对石膏装饰线进行修改绘制，最后完成石膏装饰线，如下右图所示。

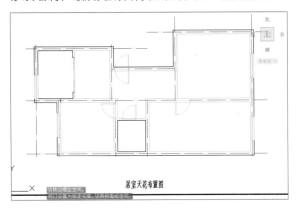
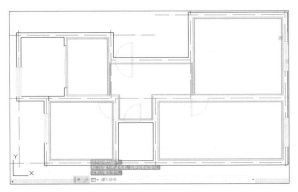

步骤 04 将厨房与卫生间也用"矩形"工具绘制一个封闭图形，输入"H"命令，弹出"图案填充编辑器"，单击"图案填充图案"按钮，选择NET图案类型做"铝扣板吊顶"，如下左图所示。

步骤 05 接着设置"角度"为0，"比例"为100，如下右图所示。

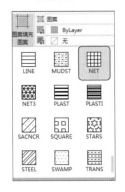

步骤 06 单击"拾取点"按钮，在厨房中单击，绘制出厨房铝扣板吊顶图，如下左图所示。

步骤 07 用同样的方法绘制出卫生间吊顶。至此，吊顶装饰绘制完成，如下右图所示。

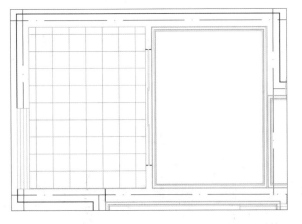
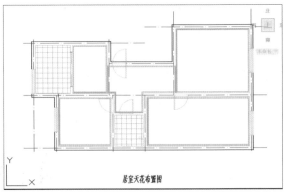

步骤 08 打开"图层特性管理器"面板，新建灯具图层，将"尺寸定位图"与"居室平面布置图"的"灯具"图层冻结，如下页左上图所示。

步骤09 选择"灯具"图层,输入"I"命令插入块,操作同插入家具及洁具。执行"修改>移动""修改>旋转"等命令对插入的块进行编辑修改,完成灯具绘制,如下右图所示。

步骤10 在视图窗口外双击,将"标注"图层设置为当前图层,执行"直线"和"极轴"命令,绘制标高图形,如下左图所示。

步骤11 执行"绘图>块>定义属性"命令,打开"属性定义"对话框,输入"标记""提示""默认"属性信息,再设置文字高度为2.5,单击"确定"按钮,如下右图所示。

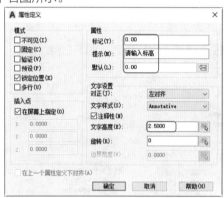

步骤12 在标高符号上单击,确定文字位置,选中文字及标高符号,再执行"绘图>块>创建"命令或直接输入"B"按回车键,打开"块定义"对话框,单击"拾取点"按钮,指定一点作为插入基点,输入图块名称,设置完毕后单击"确定"按钮关闭对话框,如下左图所示。

步骤13 此时会弹出"编辑属性"对话框,直接单击"确定"按钮即可,如下右图所示。

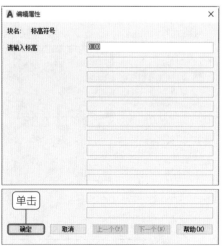

步骤14 在居室各位置中插入标高块并填写标高数值。输入"l"按回车键,插入标高块,在客厅中单击,命令行提示"请输入标高值",直接输入"2.700"后按回车键确认,客厅标高符号填写完成,如下左图所示。

步骤15 将其他区域标高符号绘制完成,如下右图所示。

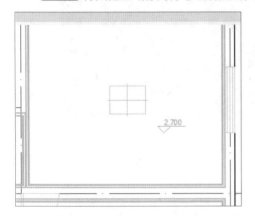 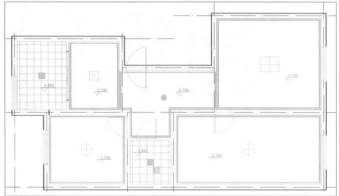

步骤16 选择"图层0",执行"绘图>表格"命令,创建一个2行4列的表格,然后单击"确定"按钮,如下左图所示。

步骤17 输入表格内容,如下右图所示。

灯具			
■	300*300集成吊顶灯	●	Φ250艺术吸顶灯
⊞	850*650艺术吸顶灯	✛	Φ500艺术吸顶灯
⊡	400*400艺术吸顶灯	▨	300*300普气扇

步骤18 选择"标注"图层,执行"绘图>文字>单行文字"命令,对吊顶装修进行文字说明。最终完成"居室天花布置图"的绘制,如下图所示。

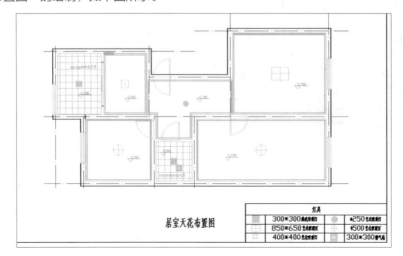

居室天花布置图

11.1.5 绘制灯具开关定位图

本小节将介绍灯具开关定位图绘制，利用"插入图块"的方式将灯具开关插入图中，标注尺寸位置。在绘图过程中，应添加文字说明，具体操作步骤如下。

扫码看视频

步骤 01 复制图纸和视口，将图纸名称更改为"灯具开关定位图"，双击视口内绘图区域，打开"图层特性管理器"面板，将"家具"等图层关闭，并新建"1照明开关"图层，如下图所示。

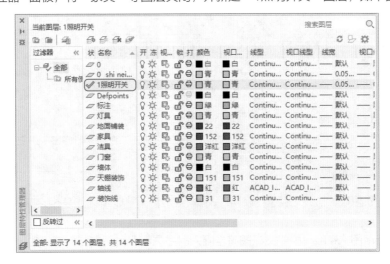

步骤 02 选择"1照明开关"图层，输入"I"命令插入块，操作同插入家具及洁具。分别执行"修改>移动""修改>旋转"等命令，对插入的块进行编辑修改，完成开关绘制，如下图所示。

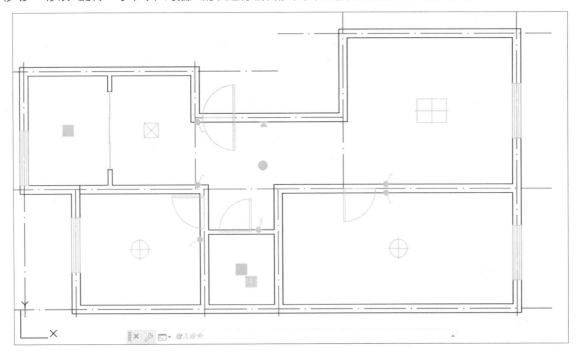

步骤 03 双击视口外绘图区域，执行"格式>标注样式"命令，新建标注样式"布局外标注"，文字高度修改为180，符号箭头大小修改为80，单击"置为当前"按钮。关闭"标注样式编辑器"，双击"标注"图层，执行"标注>线性"命令，对卧室进行尺寸标注，在线性标注结束后执行"标注>连续"命令对其进行连续标注，如下页图片所示。

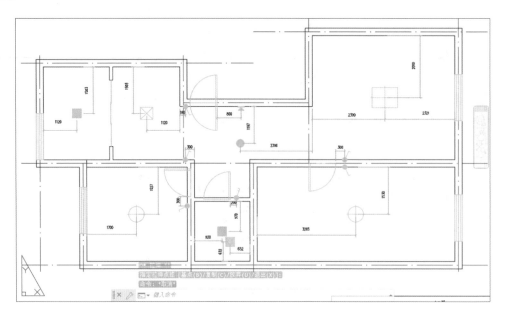

步骤 04 选择"图层0"，执行"绘图>表格"命令，创建一个1行4列的表格，输入表格内容，如下图所示。

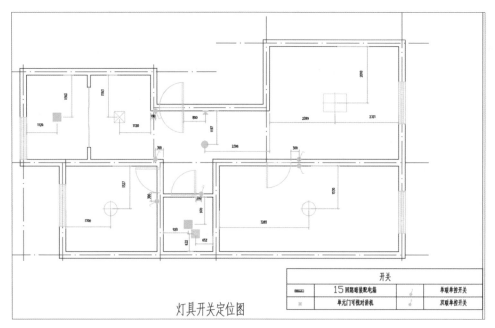

灯具开关定位图

开关			
	15回路暗装配电箱		单联单控开关
	单元门可视对讲机		双联单控开关

11.1.6 绘制插座定位图

本小节将介绍插座开关定位图绘制，利用冻结图层、"插入图块"等方式将插座开关插入图中，标注尺寸位置，在绘图过程中，应添加文字说明，具体操作步骤如下。

步骤 01 复制图纸和视口，将图纸名称更改为"插座定位图"，双击视口内绘图区域，打开"图层特性管理器"面板，将"家具"等图层关闭，并新建"EQUIP-动力"图层，如下页左上图所示。

步骤 02 选择"EQUIP-动力"图层，输入"I"命令插入块，操作同插入家具及洁具。分别执行"修改>移动""修改>旋转"等命令，对插入的块进行编辑修改，完成插座的绘制，如下页右上图所示。

扫码看视频

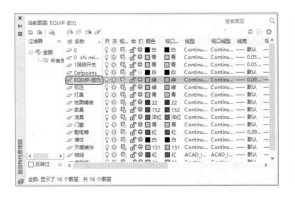 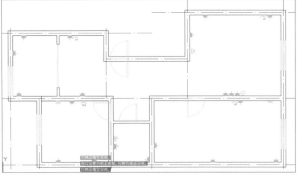

步骤 03 双击视口外绘图区域，双击"标注"图层，执行"标注>线性"命令对卧室进行尺寸标注。线性标注结束后，执行"标注>连续"命令对其进行持续标注，如下图所示。

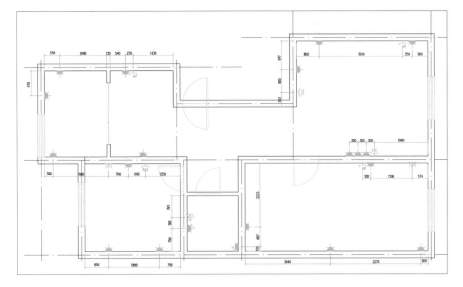

步骤 04 选择"图层0"图层，执行"绘图>表格"命令，创建一个3行6列的表格，输入表格内容，如下图所示。

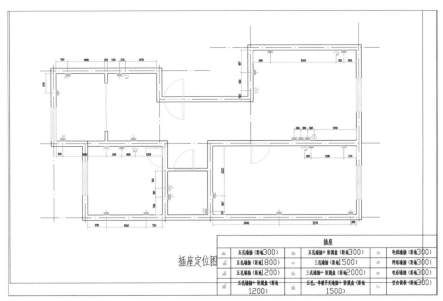

插座定位图

11.1.7 绘制地面铺装图

本小节将介绍地面铺装图绘制，利用冻结图层开关，打开视口内图形显示效果，通过"直线"或"矩形"等命令绘制地面边框，通过"填充图案"命令对地板进行填充，添加文字说明，具体操作步骤如下。

扫码看视频

步骤 01 复制图纸和视口，将图纸名称更改为"地面铺装图"，双击视口内绘图区域，打开"图层特性管理器"面板，将"家具"等图层关闭，将"地面铺装"图层冻结关闭，如下左图所示。

步骤 02 选择"地面铺装"图层，将厨房、卫生间、卧室、客厅灯用"矩形"工具绘制一个封闭图形，输入"H"命令弹出"图案填充编辑器"，单击"图案填充图案"按钮，选择"DOLMIT"图案类型做"实木复合地板"，如下右图所示。

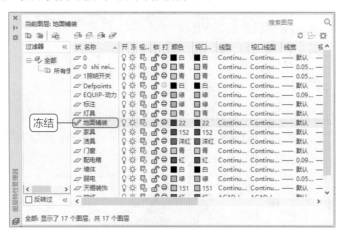
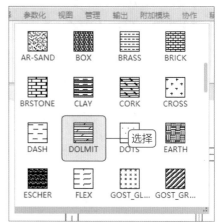

步骤 03 切换至"图案填充编辑器"选项卡中，"角度"输入0，"比例"输入20，如下图所示。

步骤 04 单击"拾取点"按钮，在卧室、客厅中单击，绘制出实木复合地板效果图，如下左图所示。

步骤 05 输入"H"命令，弹出"图案填充编辑器"，单击"图案填充图案"按钮，选择NET图案类型做"600×600防滑地砖"。在"图案填充编辑器"中，"角度"输入0，"比例"输入200，单击"拾取点"按钮，在厨房图形上单击，绘制出600×600防滑地砖效果图，如下右图所示。

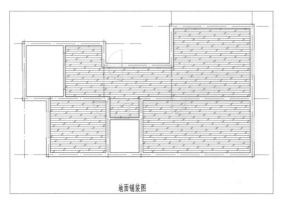
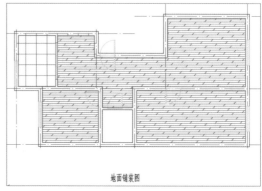

步骤06 输入"H"弹出"图案填充编辑器",单击"图案填充图案"按钮,选择NET图案类型做"300×300防滑地砖",在"图案填充编辑器"中,"角度"输入0,"比例"输入100,单击"拾取点"按钮,在卫生间图形上单击,绘制出300×300防滑地砖效果图,如下左图所示。

步骤07 在视口窗口外双击,选择"标注"图层,执行"标注>多重引线"命令对地板进行标注,完成"地面铺装图"的绘制,如下右图所示。

地面铺装图

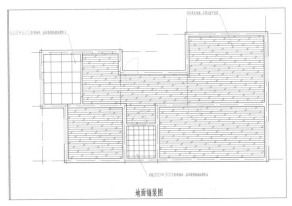

地面铺装图

11.2 绘制居室立面图

一套完整的室内施工图,不仅要有原始结构图、平面布置图、顶棚布置图等,还要有立面图,不同空间的立面图也是施工图中必不可少的一部分。

11.2.1 绘制方向指示符

在绘制餐厅立面图时,需要对不同位置的立面图进行区分,所以我们需要方向指示符来帮助区分立面图的位置,通过划分A、B等区域,来确定立面图具体在平面图的哪个位置,下面是具体方向指示符的绘制操作步骤。

扫码看视频

步骤01 选择"标注"图层,执行"矩形"命令,绘制尺寸为20×20的矩形,如下左图所示。

步骤02 执行"绘图>圆"命令,捕捉矩形的几何中心绘制一个圆,如下右图所示。

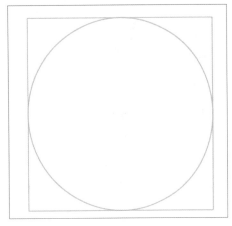

步骤03 执行"绘图>直线"命令,捕捉矩形对角绘制对角线,如下页左上图所示。

步骤04 执行"修改>修剪"命令,修剪图形,如下页右上图所示。

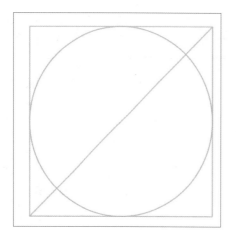 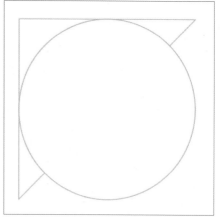

步骤 05 执行"绘图>图案填充"命令，选择实体图案"SOLID"进行填充，如下左图所示。

步骤 06 执行"修改>旋转"命令，选择图形并旋转-45°，如下右图所示。

 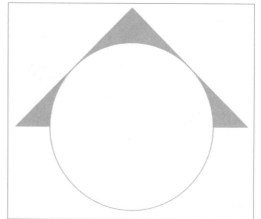

步骤 07 执行"绘图>块>定义属性"命令，打开"属性定义"对话框，输入"标记""提示""默认"属性信息，再设置文字高度为6，设置完毕后单击"确定"按钮关闭对话框，如下左图所示。

步骤 08 返回到绘图区，指定属性文字位置，如下右图所示。

 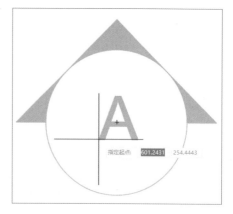

步骤 09 选择图形，执行"绘图>块>创建"命令，打开"块定义"对话框，单击"拾取点"按钮，指定一点作为插入基点，输入图块名称，单击"确定"按钮关闭对话框，如下页左图所示。

步骤 10 此时会弹出"编辑属性"对话框，直接单击"确定"按钮即可，如下页右图所示。

步骤11 按照上述操作方法在左侧绘制指示符，如下左图所示。

步骤12 执行"修改>镜像"命令，镜像复制图块，如下右图所示。

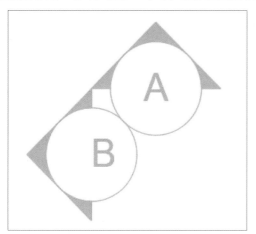

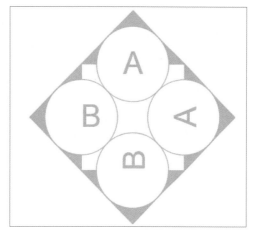

步骤13 双击图块，打开"增强属性编辑器"对话框，修改属性文字，再单击"确定"按钮完成属性的修改，如下左图所示。

步骤14 适当调整图块位置，完成方向指示符的绘制，如下右图所示。

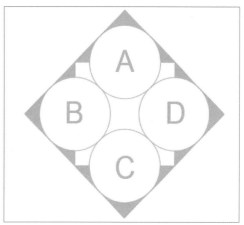

步骤 15 将绘制好的"指示符"放入居室平面绘制图中，若图形过大或过小，可执行"修改>缩放"命令对"指示符"进行修改，如下图所示。

居室平面布置图

11.2.2　绘制厨房立面图

在绘制厨房立面图时，要先对绘图环境进行设置，比如图形单位和图形界限等，然后根据平面布置图中客厅的布局结构进行立面图形的绘制。操作步骤介绍如下。

扫码看视频

步骤 01 执行"直线"命令，根据平面布置图绘制尺寸为1960×2460的长方形，如下左图所示。

步骤 02 执行"偏移"命令，依次偏移边线，将图形绘制成下右图的样子。

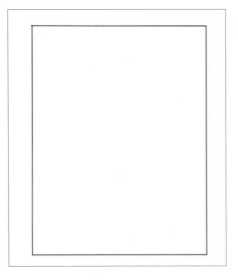

步骤 03 执行"修剪"命令，将多余的直线进行修剪，至此，立面轮廓线已完成，如下页左上图所示。

步骤 04 单击"直线"命令，绘制厨房柜子柜门立面图。分别执行"偏移""镜像"等命令，绘制出柜子大样，如下页右上图所示。

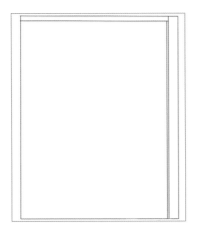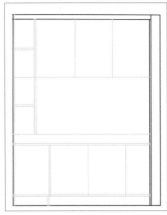

步骤 05 执行"修剪"命令，将多余的直线进行修剪。执行"绘图>直线"命令，绘制洞口样式。至此，柜门大体轮廓已完成，如下左图所示。

步骤 06 输入"H"按回车键，对柜子木纹进行填充。选择"GOST_WOOD"图案，比例设置为30；选择"ANS138"图案，比例设置为30，角度设置为0，对木柜下方铝合金板进行填充。选择"NTE"图案，比例设置为100，角度设置为0，对墙面瓷砖进行填充。选择"AR-SAND"图案，对大理石台面进行填充。效果如下右图所示。

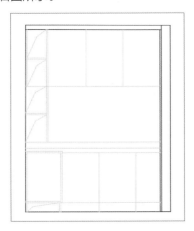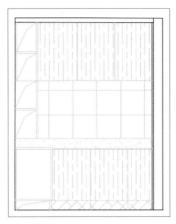

步骤 07 输入"I"插入柜子把手、油烟机、灶台、洗菜池立面图图案。至此，A立面图绘制完成，如下左图所示。

步骤 08 执行"直线"命令，根据平面布置图绘制尺寸为3000×2460的长方形。执行"直线"命令，绘制厨房柜子柜门立面图，利用"偏移""镜像"等命令绘制出柜子大样，如下右图所示。

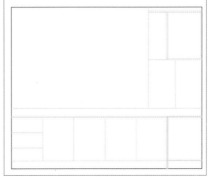

步骤 09 执行"修剪"命令，将多余的直线进行修剪。执行"绘图>直线"命令，绘制洞口样式，至此，柜门大体轮廓已完成。执行"绘图>矩形"命令，绘制1500×1500的厨房窗口，在绘制之前，选择"门窗"图层，如下左图所示。

步骤 10 输入"H"按回车键，对柜子木纹进行填充，选择"GOST_WOOD"图案，比例设置为30。选择"ANS138"图案，比例设置为30，角度设置为0，对木柜下方铝合金板进行填充。选择"NTE"图案，比例设置为100，角度设置为0，对墙面瓷砖进行填充。选择"AR-SAND"图案对大理石台面进行填充。选择"JIS-8"图案对窗户玻璃效果进行填充，比例设置为50，角度设置为0。效果如下右图所示。

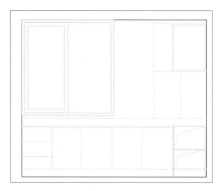 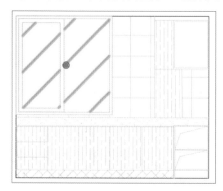

步骤 11 输入"I"插入柜子把手、油烟机、洗菜池立面图图案。至此，B立面图绘制完成，如下左图所示。

步骤 12 执行"直线"命令，根据平面布置图绘制尺寸为3000×2460的长方形。执行"直线"命令，绘制厨房柜子柜门立面图，利用"偏移""镜像"等命令绘制出推拉门，如下右图所示。

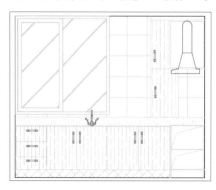 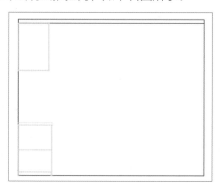

步骤 13 执行"绘图>矩形"命令，绘制2150×2340厨房推拉门，在绘制之前，选择"门窗"图层，如下左图所示。

步骤 14 输入"H"按回车键，对其进行填充，如下右图所示。

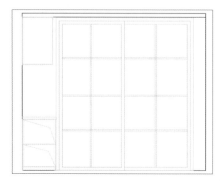 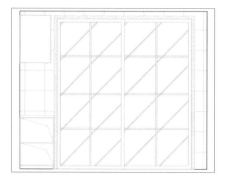

11.2.3 绘制卫生间立面图

在绘制卫生间立面图时，根据平面布置图中客厅的布局结构进行立面图形的绘制。通过立面图的绘制，我们可以读取到立面图是如何施工、需何种材料才能完成施工等信息。操作步骤介绍如下。

扫码看视频

步骤 01 执行"直线"命令，根据平面布置图绘制尺寸为2080×2300的长方形。执行"直线"命令，绘制900×2300的卫生间门框，执行"偏移""修剪"等命令绘制内部纹路，如下左图所示。

步骤 02 输入"F"按回车键，执行"倒角"命令，输入"R"，设置半径为"50"，依次单击相邻的两条直角线，进行倒角，如下右图所示。

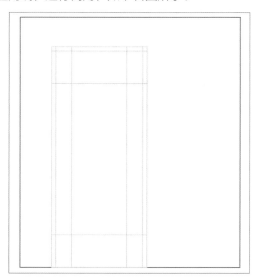
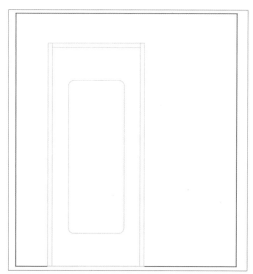

步骤 03 执行"偏移""修剪"等命令，绘制门，如下左图所示。

步骤 04 输入"I"按回车键，插入马桶立面图及洗手台立面图，如下右图所示。

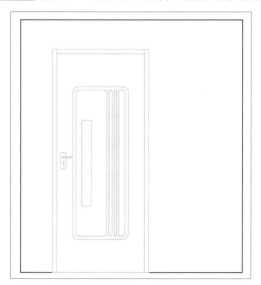
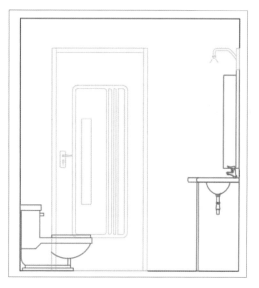

步骤 05 输入"H"填充图案。至此，卫生间D立面图绘制完成，如下页左上图所示。

步骤 06 执行"直线"命令，根据平面布置图绘制尺寸为1940×2300的长方形。输入"I"按回车键，插入马桶立面图，如下页右上图所示。

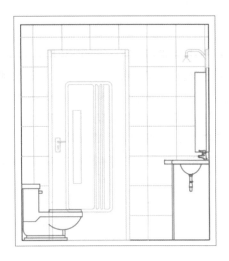
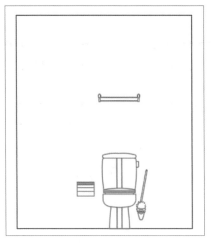

步骤 07 输入"H"执行图案填充命令。至此，卫生间E立面图绘制完成，如下左图所示。

步骤 08 执行"直线"命令，根据平面布置图绘制尺寸为1940×2300的长方形，输入"I"并按回车键，插入洗衣机侧立面图，如下右图所示。

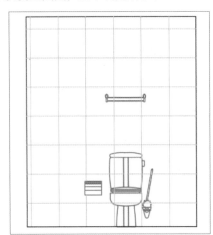
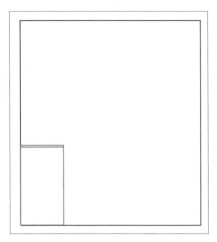

步骤 09 输入"H"扩行图案填充命令。至此，卫生间F立面图绘制完成，如下左图所示。

步骤 10 执行"直线"命令，根据平面布置图绘制尺寸为2080×2300的长方形，输入"I"并按回车键，插入洗衣机正面图及洗手台立面图，如下右图所示。

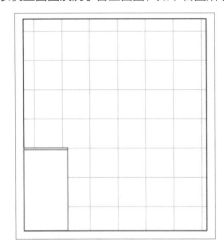
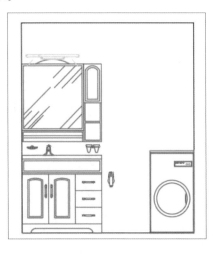

步骤 11 输入"H"执行图案填充命令。至此，卫生间G立面图绘制完成，效果如右图所示。

11.2.4 绘制客厅立面图

在绘制客厅立面图时，因客厅有落地窗、踢脚线以及石膏装饰线的素材，所以我们在绘制过程中都必须绘制到位。通过完成绘制，可以客观地反映出实际客厅立面样式。操作步骤介绍如下。

扫码看视频

步骤 01 执行"直线"命令，根据平面布置图绘制尺寸为4020×2700的长方形。执行"直线"命令，绘制80宽的踢脚线，利用"偏移""修剪"命令对其进行修改，如下左图所示。

步骤 02 执行"矩形"命令，根据平面布置图绘制尺寸为1500×2450的长方形落地窗。执行"偏移""修剪"命令对其进行修改，如下右图所示。

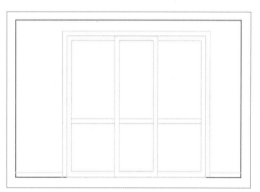

步骤 03 选择"天棚装饰"图层，单击"绘图>直线"命令，对石膏装饰线进行绘制。执行"偏移""修剪"等命令对其进行修改，如下左图所示。

步骤 04 输入"H"执行图案填充命令，对窗户及木质踢脚线进行图案填充。至此，客厅立面图绘制完成，如下右图所示。

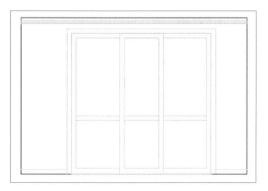
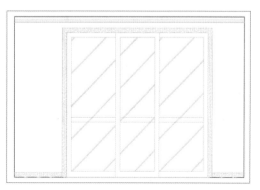

11.2.5 整理立面图图纸

将所有立面图图纸绘制完成，但此时图纸并未整理，只是图形，我们需要在"布局1"中
利用视口，对图纸进行整理，达到整洁、规范的要求。至此，所有立面图已绘制完成，但立面
图并未完成标注以及说明，此时转到"布局1"，执行"MV"命令创建视口，根据需要输入比
例，具体操作如下。

扫码看视频

步骤 01 选定"Defpoints"图层，执行"MV"命令并按回车键确认，绘制视口，依次输入"Z""S"
"1/30XP"后每一步按回车键，将厨房立面图A放入视口中，如下左图所示。

步骤 02 单击视口线条，右键选择"显示锁定>是"命令锁定视口，在视口窗口外选择"标注"图层，
对立面图进行尺寸标注及文字标注，如下右图所示。

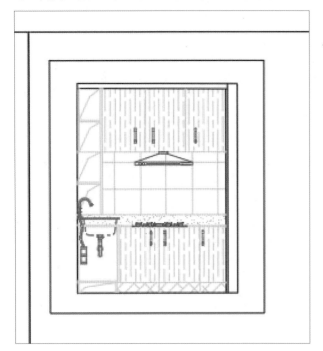
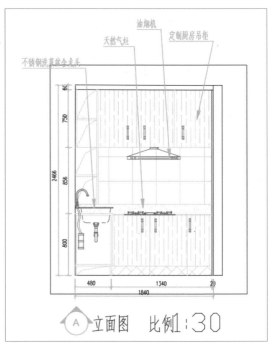

步骤 03 用同样的方法对其他立面图创建视口并进行标注，如下图所示。

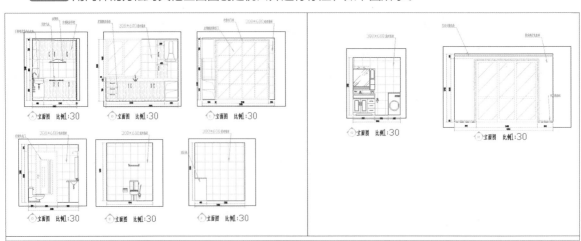